最强大脑思维训练系列

每天学点速算技巧

于雷 等 编著

清华大学出版社
北 京

内 容 简 介

学习速算，不只是强化加法和减法的运算能力，还包括乘法、除法，甚至是平方、立方、开方、分数、方程式以及方程组的简易计算方法。它可以在很大程度上帮助学生轻松驾驭数学，建立强大的数学自信心，开阔思路，扩展思维方式，让头脑更加灵活。

本书作为一本为学生量身定做的神奇数学书，通过实例详细地介绍了数十种数学运算的速算秘诀，并在每节后面附上一些精选的练习题。保证一看就懂，一学就会。让读者不禁感慨：如此神奇的算法，为什么数学老师没有教给我！

图书在版编目（CIP）数据

每天学点速算技巧/于雷等编著.--北京：清华大学出版社，2016（2022.6重印）
（最强大脑思维训练系列）
ISBN 978-7-302-39695-6

Ⅰ.①每… Ⅱ.①于… Ⅲ.①速算—青少年读物 Ⅳ.①O121.4-49

中国版本图书馆CIP数据核字(2015)第059392号

责任编辑：张龙卿
封面设计：徐日强
责任校对：李 梅
责任印制：沈 露

出版发行：清华大学出版社
网 址：http：//www.tup.com.cn，http：//www.wqbook.com
地 址：北京清华大学学研大厦A座 **邮 编：**100084
社 总 机：010-83470000 **邮 购：**010-62786544
投稿与读者服务：010-62776969，c-service@tup.tsinghua.edu.cn
质量反馈：010-62772015，zhiliang@tup.tsinghua.edu.cn
印 装 者：北京嘉实印刷有限公司
经 销：全国新华书店
开 本：185mm×260mm **印 张：**9.5 **字 数：**221千字
版 次：2016年1月第1版 **印 次：**2022年6月第18次印刷
定 价：45.00元

产品编号：062401-02

前言

大家知道，在美国科技重地硅谷，大量从事IT行业的工程师来自印度，他们最大的优势就是数学比别人好，这一切都得益于印度独特的数学教育法。印度数学的计算方法灵活多样、不拘一格，一道题通常可以有两到三种算法，而且它的解题方式总是窍门多多，方法神奇，有别于我们传统的数学方法，更简单、更方便，具有大量的窍门和技巧。这些巧妙的方法和技巧不但提高了孩子们学习数学的兴趣，大大提升了计算的速度和准确性，而且是帮助人们提高创意思维能力的有效工具，它训练了人们超强的逻辑思维能力，使他们能够在工作和生活中出类拔萃。

印度数学的一些方法比我们一般的计算方法可以快10～15倍，学习了印度数学的人能够在几秒钟内口算或心算出三、四位数的复杂运算。而且印度数学的方法简单直接，即使是没有数学基础的人也能很快掌握它。它还非常有趣，运算过程就像游戏一样令人着迷。

比如，计算25×25，用我们常规的算法，无非是列出竖式逐位相乘，然后相加。但是用印度数学方法来计算，就非常简单了，只需看这个数的十位数字，是2，那么用2乘以比它大1的数字3，得到6，在它的后面加上25，即625就是25×25的结果了。怎么样，是不是很神奇呢？这种方法对个位是5的相同两位数相乘都是适用的，大家不妨验算一下。

本书根据印度数学整理总结了数十种影响了世界几千年的速算秘诀，它们不仅可以强化我们加、减、乘、除的运算能力，还包括平方、立方、平方根、立方根、方程组以及神秘奇特的手算法和演算法。改变的不仅是孩子的数学成绩，更是孩子的思维方式，让孩子从一开始就站在一个不一样的起点上。

中小学学生学习速算的五个理由：

(1) 提高运算速度，节省运算时间，提高学习效率。

(2) 提高运算的准确率，提高成绩。

(3) 掌握数学运算的速算思想，探求数字中的规律，发现数字的美妙。

(4) 学习速算可以提高大脑的思维能力、快速反应能力、准确的记忆能力。

(5) 培养创新意识，养成创新习惯。

本书并非只适合孩子，同样适合想改变和训练思维方式的成年人。对幼儿来说，它可以提高他们对数学的兴趣，使其爱上数学、喜欢动脑；对学生来说，它可以提高计算的速度和准确性，提高学习成绩；对成年人来说，它可以改变我们的思维方式，让我们在工作和生活中变得出类拔萃、与众不同。

快让我们一起进入数学速算的奇妙世界，学习魔法般神奇的速算法吧！

参与本书编写的人员还有罗飞、龚宇华、陈一婧、于艳苓、何正雄、李志新、叶淑英、何晶、李方伟、刘展图、王瑛、王春风等人（排名不分先后），在此向大家表示感谢。

编　者

2015年9月

目录

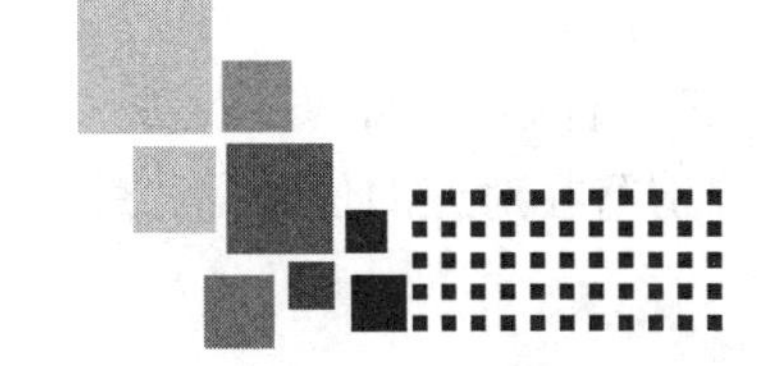

第一辑　加法速算法

在格子里做加法

方法

（1）根据要求的数字的位数画出 $(n+2)\times(n+2)$ 的方格，n 为两个加数中较大的数的位数。

（2）第一行第一列的位置写上“+”,然后在下面的格子里竖着写出第一个加数（每个格子写一个数字,且要保证两个加数的位数一致,如果不足,将少的前面用 0 补足）。

（3）第二列空着,留给结果进位使用。

（4）从第一行第三列的位置开始横着写出第二个加数（每个格子写一个数字）。

（5）分别将两个加数的对应各位数字相加,即百位加百位,十位加十位,个位加个位。然后把结果写在它们交叉的位置上（超过 10 则进位写在前面一格中）。

（6）将所有结果竖着相加,写在对应的最后一行上,即为结果（注意进位）。

例子

（1）计算 457+214=______

如图 1-1 所示,将 214 写在第一列加号的下面，457 写在第一行第三、四、五列。然后对应位置的数字相加：2+4=6，1+5=6，4+7=11,分别写在对应的位置上。最后将三个数字竖向相加,得到 671。

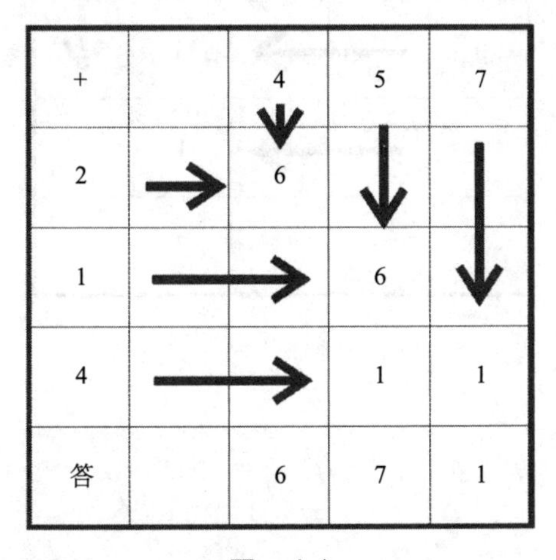

图　1-1

所以，457+214=671。

（2）计算 3721+1428=______

如图 1-2 所示，将 1428 写在第一列加号的下面，3721 写在第一行第三、四、五、六列。然后对应位置的数字相加：1+3=4，4+7=11，2+2=4，1+8=9，分别写在对应的位置上。最后将四个数字竖向相加，得到 5149。

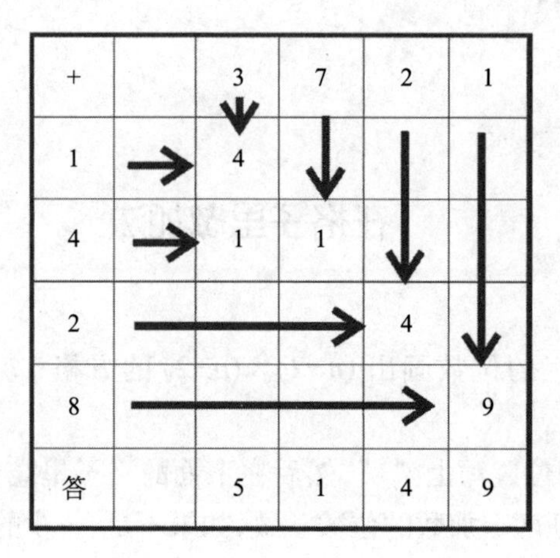

+		3	7	2	1
1		4			
4		1	1		
2				4	
8					9
答		5	1	4	9

图　1-2

所以，3721+1428=5149。

（3）计算 358+14=______

如图 1-3 所示，因为数位不相等，所以在 14 前面加上 0 补足位数。将 014 写在第一列加号的下面，358 写在第一行第三、四、五列。然后对应位置的数字相加：3+0=3，1+5=6，4+8=12，分别写在对应的位置上。最后将三个数字竖向相加，得到 372。

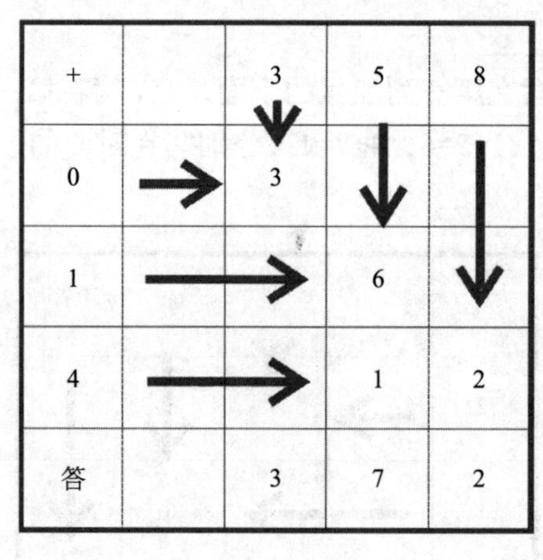

+		3	5	8
0		3		
1			6	
4			1	2
答		3	7	2

图　1-3

所以，358+14=372。

注意：

（1）前面空一位是为进位考虑，在最高位相加大于 10 时向前进位。

（2）两个加数的位数要一致，如果不同，将位数少的用 0 在数字前补足。

练习

（1）计算 126+671=______

（2）计算 987+126=______

（3）计算 1265+529=______

（4）计算 465+2365=______

（5）计算 3502+6545=______

（6）计算 1328+7262=______

巧用补数做加法

补数是一个数为了成为某个整十、整百、整千的标准数而需要加的数。一般来说，一个数的补数有 2 个，一个是与其相加得到该位上最大数——9 的数，另一个是与其相加能进到下一位的数。

下面，我们来看一下如何用补数来计算加法。

方法

（1）在两个加数中选择一个数，写成整十数或者整百数减去一个补数的形式。

（2）将整十数或者整百数与另一个加数相加。

（3）减去补数即可。

例子

（1）计算 498+214=______

498 的补数为 2。

$$\begin{aligned}498+214&=(500-2)+214\\&=500+214-2\\&=714-2\\&=712\end{aligned}$$

所以，498+214=712。

（2）计算 4388+315=______

4388 的补数为 12。

$$\begin{aligned}4388+315&=(4400-12)+315\\&=4400+315-12\\&=4715-12\\&=4703\end{aligned}$$

所以，4388+315=4703。

（3）计算 89+53=______

89 的补数为 11。

$$\begin{aligned}89+53&=(100-11)+53\\&=100+53-11\\&=153-11\\&=142\end{aligned}$$

所以，89+53=142。

注意：

（1）这种方法适用于其中一个加数加上一个比较小、容易计算的补数后可以变为整十数或者整百数的题目。

(2) 做加法一般用的是与其相加后能进到下一位的补数。而另外一种补数，也就是与其相加能够得到该位上最大数的补数，以后我们会学习到。

练习

（1）计算 224+601=______

（2）计算 497+136=______

（3）计算 1298+291=______

（4）计算 489+2223=______

（5）计算 1402+2221=______

（6）计算 1298+3272=______

用凑整法做加法

方法

（1）在两个数中选择一个数，加上或减去一个补数，使它变成一个末尾是 0 的数。

（2）同时在另一个数中，相应地减去或加上这个补数。

例子

（1）计算 297+514=______

297 的补数为 3。

$$297+514=(297+3)+(514-3)=300+511=811$$

所以，297+514=811。

（2）计算 308+194=______

308 的补数为 −8。

$$308+194=(308-8)+(194+8)=300+202=502$$

所以，308+194=502。

（3）计算 2991+1452=______

2991 的补数为 9。

$$2991+1452=(2991+9)+(1452-9)=3000+1443=4443$$

所以，2991+1452=4443。

注意：

两个加数要一边加、一边减，才能保证结果不变。

练习

（1）计算 902+681=______

（2）计算 497+362=______

（3）计算 4198+2629=______

（4）计算 2489+3256=______

（5）计算 7202+1980=______

（6）计算 9298+7221=______

计算连续自然数的和

首先计算从 1 开始的连续自然数的和。

方法

将最后一个数与比它大 1 的数相乘，然后除以 2，即可。

例子

（1）计算 1+2+3+4+5+6+7+8=______

$$8\times(8+1)\div 2=36$$

所以，1+2+3+4+5+6+7+8=36。

（2）计算 1+2+3+4+…+19+20=______

$$20\times(20+1)\div 2=210$$

所以，1+2+3+4+…+19+20=210。

（3）计算 1+2+3+4+…+99+100=______

$$100\times(100+1)\div 2=5050$$

所以，1+2+3+4+…+99+100=5050。

现在计算任意连续自然数的和。

方法

（1）用上面的方法，计算从 1 到最后一个数的和。

（2）计算从 1 到第一个数的前面一个数的和。

（3）上面两个结果相减即可。

例子

（1）计算 8+9+10+11+12=______

首先计算 1+2+3+…+12：

$$12\times(12+1)\div2=78$$

再计算 1+2+3+…+7：

$$7\times(7+1)\div2=28$$

两式的差为：78－28=50。

所以，8+9+10+11+12=50。

（2）计算 11+12+13+…+20=______

$$20\times(20+1)\div2=210$$

$$10\times(10+1)\div2=55$$

所以，11+12+13+…+20=210－55=155。

（3）计算 51+52+53+…+100=______

$$100\times(100+1)\div2=5\,050$$

$$50\times(50+1)\div2=1\,275$$

所以，51+52+53+…+100=5050－1275=3775。

注意：

我们发现了以下有意思的规律。

1+2+3+…+10=55

11+12+13+…+20=155

21+22+23+…+30=255

31+32+33+…+40=355

41+42+43+…+50=455

51+52+53+…+60=555

……

练习

（1）计算 1+2+3+…+199+200=______

（2）计算 18+19+20+21+22=______

（3）计算 9+10+11+12+13+14+15=______

（4）计算 50+51+…+64+65=______

（5）计算 10+11+…+31+32=______

（6）计算 1+2+…+999+1000=______

从左往右算加法

我们做加法的时候，一般都是从右往左计算，这样方便进位。而在印度，他们都是从左往右算的。

方法

(1)我们以第二个加数是三位数的数为例。先用第一个加数加上第二个加数的整百数。

（2）用上一步的结果加上第二个加数的整十数。

（3）用上一步的结果加上第二个加数的个位数即可。

例子

（1）计算 48+21=______

48+20=68

68+1=69

所以，48+21=69。

（2）计算 475+214=______

475+200=675

675+10=685

685+4=689

所以，475+214=689。

（3）计算 756+829=______

756+800=1556

1556+20=1576

1576+9=1585

所以，756+829=1585。

注意：

这种方法其实就是把第二个加数分解成容易计算的数。

练习

（1）计算 24+61=______

（2）计算 47+36=______

（3）计算 128+291=______

（4）计算 489+223=______

（5）计算 1482+2211=______

（6）计算 1248+3221=______

两位数加法运算

如果两个加数都是两位数，那么我们可以把它们分别分解成十位和个位两部分，然后分别进行计算，最后相加。

方法

（1）把两个加数的十位数字相加。

（2）把两个加数的个位数字相加。

（3）把前两步的结果相加，注意进位。

例子

（1）计算 28+31=______

20+30=50

8+1=9

50+9=59

所以，28+31=59。

（2）计算 75+24=______

70+20=90

5+4=9

90+9=99

所以，75+24=99。

（3）计算 56+29=______

50+20=70

6+9=15

70+15=85

所以，56+29=85。

练习

（1）计算 32+36=______

（2）计算 43+23=______

（3）计算 89+12=______

（4）计算 49+23=______

（5）计算 14+82=______

（6）计算 48+32=______

三位数加法运算

如果两个加数都是三位数，那么我们可以把它们分别分解成百位、十位和个位三部分，然后分别进行计算，最后相加。

方法

（1）把两个加数的百位数字相加。

（2）把两个加数的十位数字相加。

（3）把两个加数的个位数字相加。

（4）把前三步的结果相加，注意进位。

例子

（1）计算 328+321=______

300+300=600

20+20=40

8+1=9

600+40+9=649

所以，328+321=649。

（2）计算 175+242=______

100+200=300

70+40=110

5+2=7

300+110+7=417

所以，175+242=417。

（3）计算 538+289=______

500+200=700

30+80=110

8+9=17

700+110+17=827

所以，538+289=827。

注意：

用这种方法还可以做多位数加多位数的运算，并不一定需要两个加数的位数相等。

练习

（1）计算 132+926=______

（2）计算 427+363=______

（3）计算 212+229=______

（4）计算 148+423=______

（5）计算 182+211=______

（6）计算 232+412=______

四位数加法运算

方法

（1）把每个四位数都分成两个两位数。

（2）将对应的两个两位数相加，即两个前面的两位数相加，两个后面的两位数相加。

（3）将两个结果合在一起。如果后面的两个两位数相加变成了三位数，那么要注意进位。

例子

（1）计算 1287+3511=______

把 1287 分解为 12 和 87，把 3511 分解为 35 和 11。

然后计算：12+35=47

87+11=98

所以，1287+3511=4798。

（2）计算 5879+3527=______

把 5879 分解为 58 和 79，把 3527 分解为 35 和 27。

然后计算：58+35=93

79+27=106

所以，5879+3527=9406。

（3）计算 3721+2587=______

把 3721 分解为 37 和 21，把 2587 分解为 25 和 87。

然后计算：37+25=62

21+87=108

所以，3721+2587=6308。

注意：

这种方法可以做多位数加法，位数不足的可以在前面用 0 补足。但是位数越多越要注意进位。

练习

（1）计算 1224+6201=______

（2）计算 4297+1336=______

（3）计算 1298+2921=______

（4）计算 1489+2245=______

（5）计算 4502+2361=______

（6）计算 1528+2672=______

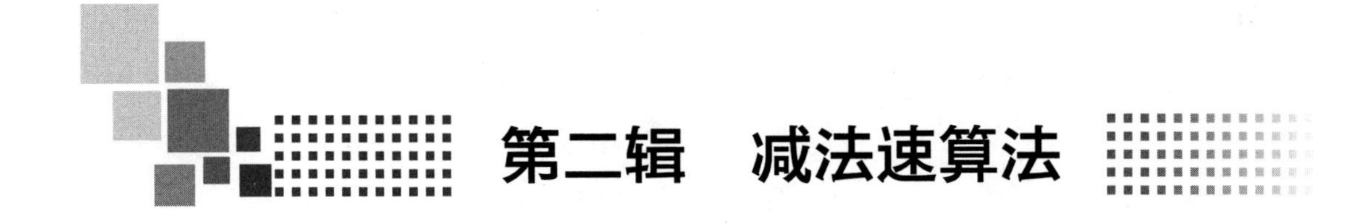

第二辑　减法速算法

巧用补数做减法

前面我们提过：补数是一个数为了成为某个标准数而需要加的数。一般来说，一个数的补数有 2 个，一个是与其相加得到该位上最大数（9）的数，另一个是与其相加能进到下一位的数（和为 10）。

在这里，我们会用到两种补数。

方法

只需分别计算出个位上的数字相对于 10 的补数，和其他位上的数字相对于 9 的补数，写在相应的数字下即可。

例子

（1）计算 1000－586=______

5　8　6

4　1　4

所以，1000－586=414。

（2）计算 100000－86572=______

8　6　5　7　2

1　3　4　2　8

所以，100000－86572=13428。

（3）计算 1443－854=______

先计算出 1000－854：

8　5　4

1　4　6

所以，1000－854=146。

1443－854=146+443

=146+400+40+3

=589

所以，1443－854=589。

练习

（1）计算 1000－518=______

（2）计算 10000－4894=______

（3）计算 4258－524=______

（4）计算 1098－465=______

（5）计算 9458－684=______

（6）计算 855－794=______

用凑整法算减法

方法

将被减数和减数同时加上或者同时减去一个数，使得减数成为一个整数，从而方便计算。

例子

（1）计算 85－21=______

首先将被减数和减数同时减去 1，

即被减数变为 85－1=84，

减数变为 21－1=20，

然后计算 84－20=64，

所以，85－21=64。

（2）计算 458－195=______

首先将被减数和减数同时加上 5，

即被减数变为 458+5=463，

减数变为 195+5=200，

然后计算 463－200=263，

所以，458－195=263。

（3）计算 2816－911=______

首先将被减数和减数同时减去 11，

即被减数变为 2816－11=2805，

减数变为 911－11=900，

然后计算 2805－900=1905，

所以，2816－911=1905。

练习

（1）计算 9458－2104=______

（2）计算 4582－495=______

(3) 计算 428－189=______

(4) 计算 8458－2014=______

(5) 计算 654－411=______

(6) 计算 9548－4608=______

从左往右算减法

我们做减法的时候，也跟加法一样，一般都是从右往左计算，这样方便借位。而在印度，他们都是从左往右算的。

方法

(1) 我们以减数是三位数的数为例。先用被减数减去减数的整百数。

(2) 用上一步的结果减去减数的整十数。

(3) 用上一步的结果减去减数的个位数即可。

例子

(1) 计算 458－214=______

458－200=258

258－10=248

$$248-4=244$$

所以，$458-214=244$。

（2）计算 $88-21=$______

$$88-20=68。$$

$$68-1=67。$$

所以，$88-21=67$。

（3）计算 $9125-1186=$______

$$9125-1000=8125$$

$$8125-100=8025$$

$$8025-80=7945$$

$$7945-6=7939$$

所以，$9125-1186=7939$。

注意：

这种方法其实就是把减数分解成容易计算的数进行计算。

练习

（1）计算 $58-21=$______

（2）计算 $848-164=$______

（3）计算 $856-245=$______

（4）计算 $2648-214=$______

（5）计算 5128－1154=______

（6）计算 43958－12614=______

两位数减一位数

如果被减数是两位数，减数是一位数，那我们也可以把它们分别分解成十位和个位两部分，然后分别进行计算，最后相加。

方法

（1）把被减数分解成十位加个位的形式，把减数分解成 10 减去一个数字的形式。
（2）把两个十位数字相减。
（3）把两个个位数字相减。
（4）把上两步的结果相加，注意进位。

例子

（1）计算 22－8=______
首先把被减数分解成 20+2 的形式，减数分解成 10－2 的形式，
计算十位：20－10=10，
再计算个位：2－(－2) =4，
结果是：10+4=14，
所以，22－8=14。
（2）计算 75－4=______

75=70+5，4=10－6
70－10=60
5－(－6) =11
60+11=71

所以，75－4=71。
（3）计算 88－9=______

88=80+8，9=10－1

$$80-10=70$$
$$8-(-1)=9$$
$$70+9=79$$

所以，$88-9=79$。

练习

（1）计算 $52-4=$______

（2）计算 $87-9=$______

（3）计算 $75-7=$______

（4）计算 $42-8=$______

（5）计算 $63-8=$______

（6）计算 $32-9=$______

两位数减法运算

如果两个数都是两位数，那么我们可以把它们分别分解成十位和个位两部分，然后分别进行计算，最后相加。

方法

(1) 把被减数分解成十位加个位的形式，把减数分解成整十数减去一个数字的形式。

(2) 把两个十位数字相减。

(3) 把两个个位数字相减。

(4) 把上两步的结果相加，注意进位。

例子

(1) 计算 $62-38=$______

首先把被减数分解成 $60+2$ 的形式，减数分解成 $40-2$ 的形式，

计算十位：$60-40=20$，

再计算个位：$2-(-2)=4$，

结果是：$20+4=24$，

所以，$62-38=24$。

(2) 计算 $75-24=$______

$$75=70+5,\ 24=30-6$$
$$70-30=40$$
$$5-(-6)=11$$
$$40+11=51$$

所以，$75-24=51$。

(3) 计算 $96-29=$______

$$96=90+6,\ 29=30-1$$
$$90-30=60$$
$$6-(-1)=7$$
$$60+7=67$$

所以，$96-29=67$。

练习

(1) 计算 $58-14=$______

（2）计算 45－21=______

（3）计算 94－56=______

（4）计算 85－46=______

（5）计算 58－43=______

（6）计算 87－39=______

三位数减两位数

方法

（1）把被减数分解成百位加上一个数的形式，把减数分解成整十数减去一个数字的形式。

（2）用被减数的百位与减数的整十数相减。

（3）用被减数的剩余数字与减数所减的数字相加。

（4）把上两步的结果相加，注意进位。

例子

（1）计算 212－28=______

首先把被减数分解成 200+12 的形式，减数分解成 30－2 的形式，

计算百位与整十数的差：200－30=170，

再计算剩余数字与所减数字的和：12+2=14，

结果是：170+14=184，

所以，212－28=184。

（2）计算 105－84=______

105=100+5，84=90－6

100－90=10

5+6=11

10+11=21

所以，105－84=21。

（3）计算 925－86=______

925=900+25，86=90－4

900－90=810

25+4=29

810+29=839

所以，925－86=839。

练习

（1）计算 458－14=______

（2）计算 124－47=______

（3）计算 528－89=______

（4）计算 154－64=______

（5）计算 994－89=______

（6）计算 587－76=______

三位数减法运算

方法

（1）把被减数分解成百位加上一个数的形式，把减数分解成百位加上整十数减去一个数字的形式。

（2）用被减数的百位减去减数的百位，再减去整十数。

（3）用被减数的剩余数字与减数所减的数字相加。

（4）把上两步的结果相加，注意进位。

例子

（1）计算 512－128=______

首先把被减数分解成 500+12 的形式，减数分解成 100+30－2 的形式，

计算百位与百位和整十数的差：500－100－30=370，

再计算剩余数字与所减数字的和：12+2=14，

结果是：370+14=384，

所以，512－128=384。

（2）计算 806－174=______

806=800+6，174=100+80－6

800－100－80=620

6+6=12

620+12=632

所以，806－174=632。

（3）计算 916－573=______

916=900+16，573=500+80－7

900－500－80=320

16+7=23

320+23=343

所以，916－573=343。

练习

（1）计算 528－157=______

（2）计算 469－418=______

（3）计算 694－491=______

（4）计算 382－164=______

（5）计算 728－409=______

（6）计算 485－168____

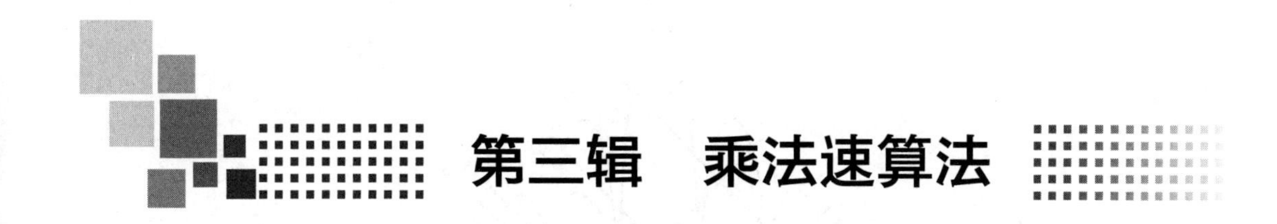

第三辑　乘法速算法

用节点法做乘法

方法

（1）将乘数画成向左倾斜的直线，各个数位分别画。

（2）将被乘数画成向右倾斜的直线，各个数位分别画。

（3）两组直线相交有若干的交点，数出每一列交点的个数和。

（4）按顺序写出每列相交点的和，即为结果（注意进位）。

例子

（1）计算 112 × 231=______

解法如图 3-1 所示，

所以，112 × 231=25872。

（2）计算 13 × 113=______

解法如图 3-2 所示，

所以，113 × 13=1469。

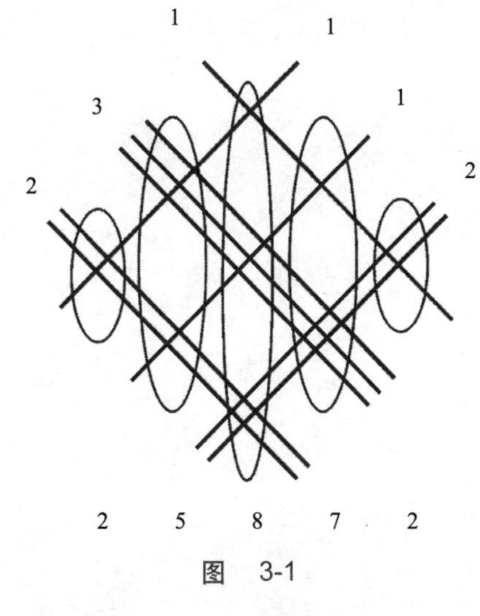

图　3-1

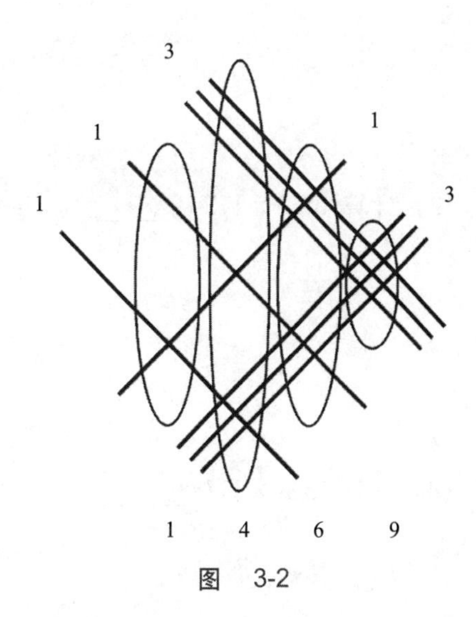

图　3-2

（3）计算 211 × 123=______

解法如图 3-3 所示。

所以，211 × 123=25953。

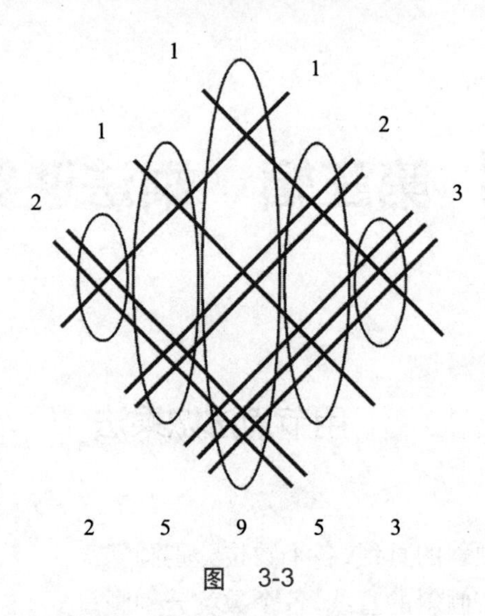

图 3-3

练习

（1）计算 111 × 111=______

（2）计算 121 × 212=______

（3）计算 1433 × 112=______

（4）计算 1321 × 111=______

（5）计算 $113 \times 311=$______

（6）计算 $123 \times 321=$______

用网格法算乘法

方法

（1）以两位数乘法为例，把被乘数和乘数分别拆分成整十数和个位数，写在网格的上方和左方。

（2）对应的数相乘，将乘积写在格子里。

（3）将所有格子填满之后，计算它们的和，即为结果。

例子

（1）计算 $12 \times 13=$______，见表 3-1。

表 3-1

×	10	2
10	10×10=100	2×10=20
3	10×3=30	2×3=6

再把格子里的四个数字相加：100+20+30+6=156。

所以，$12 \times 13=156$。

（2）计算 $52 \times 28=$______，见表 3-2。

表 3-2

×	50	2
20	50×20=1000	2×20=40
8	50×8=400	2×8=16

再把格子里的四个数字相加：1000+40+400+16=1456。

所以，$52 \times 28=1456$。

（3）计算 22×123=______，见表 3-3。

表 3-3

×	20	2
100	20×100=2000	2×100=200
20	20×20=400	2×20=40
3	20×3=60	2×3=6

再把格子里的六个数字相加：2000+200+400+40+60+6=2706。

所以，22×123=2706。

（4）计算 586×127=______，见表 3-4。

表 3-4

×	500	80	6
100	500×100=50000	80×100=8000	6×100=600
20	500×20=10000	80×20=1600	6×20=120
7	500×7=3500	80×7=560	6×7=42

再把格子里的九个数字相加：50000+8000+600+10000+1600+120+3500+560+42=74422。

所以，586×127=74422。

注意：

此方法适用于多位数乘法。

练习

（1）计算 6×48=______

（2）计算 36×57=______

（3）计算 53×749=______

（4）计算 $625\times898=$______

（5）计算 $3655\times138=$______

（6）计算 $3867\times925=$______

在三角格子里做乘法

方法

（1）把被乘数和乘数分别写在格子的上方和右方。

（2）对应的数位相乘，将乘积写在三角格子里，上面写十位数字，下面写个位数字。没有十位的用 0 补足。

（3）斜线延伸处为几个三角格子里的数字的和，这些数字即为乘积中某一位上的数字。

（4）注意进位。

例子

（1）计算 $54\times25=$______

如图 3-4 所示，将 54 和 25 写在格子的上方和右方。然后分别计算 $4\times2=08$，将 0 和 8 分别写在对应位置的三角格子里。同理，计算 $5\times2=10$，将 1 和 0 写在对应位置的三角格子里。再计算 4×5 和 5×5。填满三角格子以后，在斜线的延伸处计算相应位置数字的和。即千位上的数字为 1，百位的数字为 2+0+0=2，十位上的数字为 5+2+8=15（需要进位），个位上的数字为 0。所以结果为 1350。

所以，$54\times25=1350$。

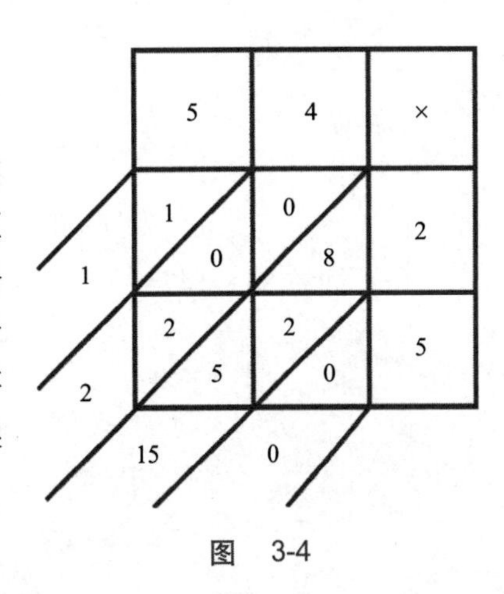

图 3-4

（2）计算 543×258=______

解法如图 3-5 所示。

结果为：1　2　19　10　9　4

进位：140094

所以，543×258=140094。

（3）计算 1024×58=______

解法如图 3-6 所示。

结果为：5　9　3　9　2

所以，1024×58=59392。

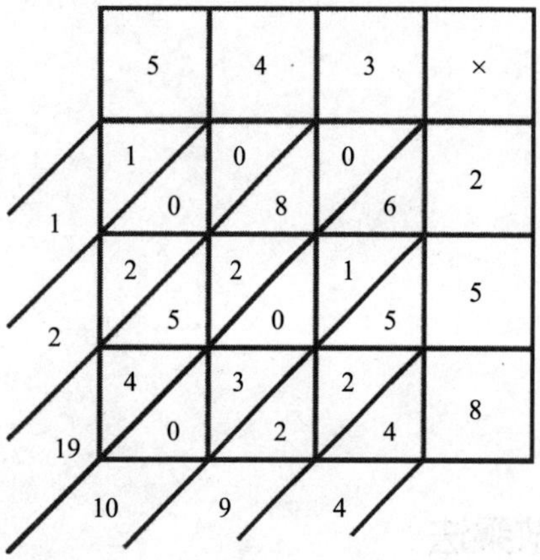

图　3-5

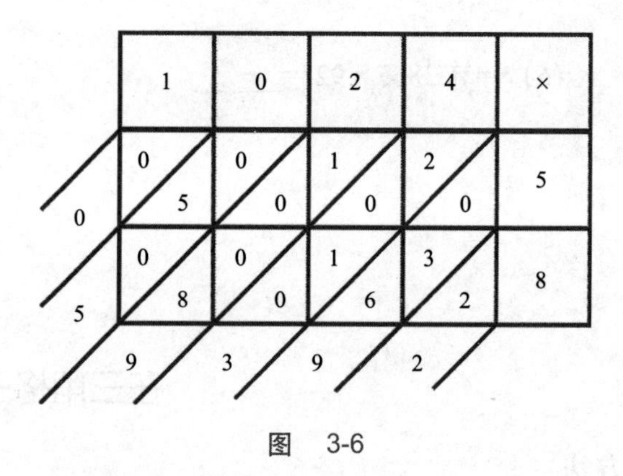

图　3-6

注意：

此方法适用于多位数乘法。

练习

（1）计算 17×28=______

（2）计算 35×147=______

（3）计算 $159 \times 973=$______

（4）计算 $835 \times 54=$______

（5）计算 $1856 \times 27=$______

（6）计算 $2654 \times 186=$______

用四边形做两位数乘法

方法

（1）把被乘数和乘数十位上数字的整十数相乘。

（2）交叉相乘，即把被乘数的整十数和乘数个位上的数字相乘，再把乘数中的整十数和被乘数个位上的数字相乘，将两个结果相加。

（3）把被乘数和乘数个位上的数字相乘。

（4）把前三步所得结果加起来，即为结果。

推导

我们以 $47 \times 32=$_____ 为例，可以画出图 3-7。

可以看出，图 3-7 中的面积可以分为 a、b、c、d 四个部分，其中 a 部分为被乘数和乘数十位上数字的整十数相乘。b 部分为被乘数个位和乘数中的整十数相乘，c 部分为乘数个位和被乘数中的整十数相乘。d 部分为被乘数和乘数个位上数字相乘。和即为总面积。

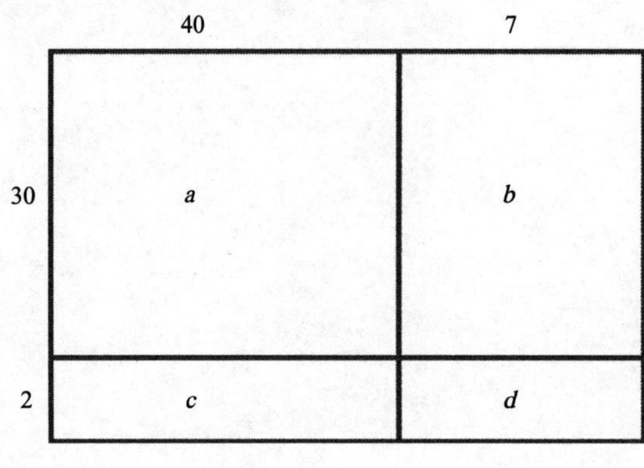

图　3-7

例子

（1）计算 39×48=______

$$30\times40=1200$$
$$30\times8+40\times9=240+360=600$$
$$9\times8=72$$
$$1200+600+72=1872$$

所以，39×48=1872。

（2）计算 98×21=______

$$90\times20=1800$$
$$90\times1+20\times8=90+160=250$$
$$8\times1=8$$
$$1800+250+8=2058$$

所以，98×21=2058。

（3）计算 32×17=______

$$30\times10=300$$
$$30\times7+10\times2=210+20=230$$
$$2\times7=14$$
$$300+230+14=544$$

所以，32×17=544。

练习

（1）计算 97×47=______

（2）计算 48 × 74=______

（3）计算 96 × 87=______

（4）计算 54 × 33=______

（5）计算 75 × 58=______

（6）计算 37 × 65=______

用交叉计算法做两位数乘法

方法

（1）用被乘数和乘数的个位上的数字相乘，所得结果的个位数写在答案的最后一位，十位数作为进位保留。

（2）交叉相乘，将被乘数个位上的数字与乘数十位上的数字相乘，被乘数十位上的数字与乘数个位上的数字相乘，求和后加上上一步中的进位，把结果的个位写在答案的十位数字上，十位上的数字作为进位保留。

（3）用被乘数和乘数的十位上的数字相乘，加上进位，写在前两步所得的结果前面即可。

推导

我们假设两个数字分别为 ab 和 xy，用竖式进行计算，得到：

$$\begin{array}{r} a \quad b \\ x \quad y \\ \hline ay \quad by \\ ax \quad bx \quad \\ \hline ax \quad (ay+bx) \ / \ by \end{array}$$

我们可以把这个结果当成一个二位数相乘的公式，这种方法将在你以后的学习中经常用到。

如图 3-8 所示。

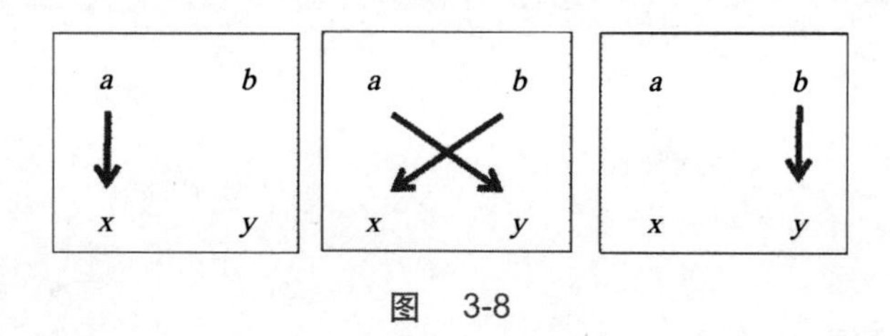

图　3-8

例子

（1）计算 98 × 24=______

$$\begin{array}{c} 9 \quad 8 \\ 2 \quad 4 \\ \hline 18 \ / \ 36+16 \ / \ 32 \\ 18 \ / \ 52 \ / \ 32 \end{array}$$

进位：进 5、进 3

结果为：2352

所以，98 × 24=2352。

（2）计算 35 × 28=______

$$\begin{array}{c} 3 \quad 5 \\ 2 \quad 8 \\ \hline 6 \ / \ 24+10 \ / \ 40 \\ 6 \ / \ 34 \ / \ 40 \end{array}$$

进位：进 3、进 4

结果为：980

所以，35 × 28=980。

（3）计算 93 × 57=______

$$\begin{array}{c} 9\quad 3 \\ 5\quad 7 \\ \hline 45\,/\,63+15\,/\,21 \\ 45\,/\,78\,/\,21 \end{array}$$

进位：进 8、进 2

结果为：5301

所以，93 × 57=5301。

练习

（1）计算 65 × 88=______

（2）计算 35 × 69=______

（3）计算 65 × 85=______

（4）计算 36 × 74=______

（5）计算 $74 \times 25=$______

（6）计算 $17 \times 74=$______

用错位法做乘法

本方法与交叉计算法原理是一致的，只是写法略有不同，大家可以根据自己的喜好选择。

方法

（1）以两位数相乘为例，将被乘数和乘数的各位上的数字分开写。

（2）将乘数的个位分别与被乘数的个位和十位数字相乘，将所得的结果写在对应数位的下面。

（3）将乘数的十位分别与被乘数的个位和十位数字相乘，将所得的结果写在对应数位的下面。

（4）结果中的对应的数位上的数字相加即可。

例子

（1）计算 $97 \times 26=$______

		9	7
	×	2	6
		4	2
	5	4	
	1	4	
1	8		
2	4	12	2

进位：进 1

结果为：2522

所以，$97 \times 26=2522$。

（2）计算 $21\times18=$______

	2	1
×	1	8
		8
1	6	
	1	
2		
3	7	8

结果为：378

所以，$21\times18=378$。

（3）计算 $284\times149=$______

		2	8	4
	×	1	4	9
			3	6
		7	2	
	1	8		
		1	6	
	3	2		
	8			
		4		
	8			
2				
2	20	22	11	6

进位：进 2、进 2、进 1

结果为：42316

所以，$284\times149=42316$。

注意：

（1）注意对准数位。乘数的某一位与被乘数的各个数位相乘时，结果的数位依次前移一位。

（2）本方法适用于多位数乘法。

练习

（1）计算 $78\times35=$______

（2）计算 $96\times34=$______

（3）计算 $458\times25=$______

（4）计算 $364\times758=$______

（5）计算 $3115\times128=$______

（6）计算 $4728\times365=$______

用模糊中间数算乘法

有的时候，中间数的选择并不一定要取标准的中间数（即两个数的平均数）。为了方便计算，我们还可以取凑整或者平方容易计算的数作为中间数。

方法

（1）找出被乘数和乘数的模糊中间数 a（即与相乘的两个数的中间数最接近并且有利于计算的整数）。

（2）分别确定被乘数和乘数与中间数之间的差 b 和 c。

（3）用公式 $(a+b)\times(a+c)=a^2+a\times(b+c)+b\times c$ 进行计算。

例子

（1）计算 47 × 38=______

首先找出它们的模糊中间数为 40（与中间数最相近，并容易计算的整数）。另外，分别计算出被乘数和乘数与中间数之间的差为 7 和 −2。因此，

$$\begin{aligned}47\times 38 &= (40+7)\times(40-2)\\ &= 40^2+40\times(7-2)-7\times 2\\ &= 1600+200-14\\ &= 1786\end{aligned}$$

所以，47 × 38=1786。

（2）计算 72 × 48=______

首先找出它们的模糊中间数为 50。另外，分别计算出被乘数和乘数与中间数之间的差为 22 和 −2。因此，

$$\begin{aligned}72\times 48 &= (50+22)\times(50-2)\\ &= 50^2+50\times(22-2)-22\times 2\\ &= 2500+1000-44\\ &= 3456\end{aligned}$$

所以，72 × 48=3456。

（3）计算 112 × 98=______

首先找出它们的模糊中间数为 100。另外，分别计算出被乘数和乘数与中间数之间的差为 12 和 −2。因此，

$$\begin{aligned}112\times 98 &= (100+12)\times(100-2)\\ &= 100^2+100\times(12-2)-12\times 2\\ &= 10000+1000-24\\ &= 10976\end{aligned}$$

所以，112 × 98=10976。

练习

（1）计算 73 × 68=______

（2）计算 58 × 65=______

（3）计算 $111 \times 97=$______

（4）计算 $207 \times 199=$______

（5）计算 $591 \times 608=$______

（6）计算 $93 \times 110=$______

用较小数的平方算乘法

有的时候，我们还可以用较小的那个乘数作为所谓的“中间数”来进行计算。这样会简单很多。

方法

（1）将被乘数和乘数中较大的数用较小的数加上一个差的形式表示出来。

（2）用公式 $a \times b=(b+c) \times b=b^2+b \times c$ 进行计算。

例子

（1）计算 $48 \times 45=$______

$$\begin{aligned}48 \times 45 &= (45+3) \times 45\\ &= 45^2+3 \times 45\\ &= 2025+135\\ &= 2160\end{aligned}$$

所以，$48 \times 45=2160$。

（2）计算 $72\times68=$______

$$
\begin{aligned}
72\times68&=(68+4)\times68\\
&=68^2+4\times68\\
&=4624+272\\
&=4896
\end{aligned}
$$

所以，$72\times68=4896$。

（3）计算 $111\times105=$______

$$
\begin{aligned}
111\times105&=(105+6)\times105\\
&=105^2+6\times105\\
&=11025+630\\
&=11655
\end{aligned}
$$

所以，$111\times105=11655$。

练习

（1）计算 $79\times68=$______

（2）计算 $98\times88=$______

（3）计算 $127\times125=$______

（4）计算 $207\times205=$______

（5）计算 $691 \times 680=$______

（6）计算 $295 \times 312=$______

用因数分解法算乘法

我们已经知道两位数的平方如何计算了，有了这个基础，我们可以运用因数分解法来使某些符合特定规律的乘法转变成简单的方式进行计算。这个特定的规律就是：相乘的两个数之间的差必须为偶数。

方法

（1）找出被乘数和乘数的中间数（只有相乘的两个数之差为偶数，它们才有中间数）。

（2）确定被乘数和乘数与中间数之间的差。

（3）用因数分解法把乘法转变成平方差的形式进行计算。

例子

（1）计算 $17 \times 13=$______

首先找出它们的中间数为 15（求中间数很简单，即将两个数相加除以 2 即可，一般心算即可求出）。另外，计算出被乘数和乘数与中间数之间的差为 2。因此，

$$
\begin{aligned}
17 \times 13 &= (15+2) \times (15-2) \\
&= 15^2 - 2^2 \\
&= 225 - 4 \\
&= 221
\end{aligned}
$$

所以，$17 \times 13=221$。

（2）计算 $158 \times 142=$______

首先找出它们的中间数为 150。另外，计算出被乘数和乘数与中间数之间的差为 8。因此，

$$
\begin{aligned}
158 \times 142 &= (150+8) \times (150-8) \\
&= 150^2 - 8^2 \\
&= 22500 - 64 \\
&= 22436
\end{aligned}
$$

所以，$158 \times 142=22436$。

（3）计算 $59 \times 87=$______

首先找出它们的中间数为73。另外，计算出被乘数和乘数与中间数之间的差为14。因此，

$$\begin{aligned}59 \times 87 &= (73-14) \times (73+14) \\ &= 73^2 - 14^2 \\ &= 5329-196 \\ &= 5133\end{aligned}$$

所以，$59 \times 87=5133$。

注意：

被乘数与乘数相差越小，计算越简单。

练习

（1）计算 $70 \times 76=$______

（2）计算 $58 \times 62=$______

（3）计算 $711 \times 697=$______

（4）计算 $27 \times 35=$______

（5）计算 $171 \times 175=$______

（6）计算 $583 \times 591=$______

将数字分解成容易计算的数字

有的时候，我们还可以把被乘数和乘数都进行分解，使它变为容易计算的数字再进行计算。这个时候要充分利用 5、25、50、100 等数字在计算时的简便性。

例子

（1）计算 $48 \times 27=$______

$$
\begin{aligned}
48 \times 27 &= (40+8) \times (25+2) \\
&= 40 \times 25+40 \times 2+8 \times 25+8 \times 2 \\
&= 1000+80+200+16 \\
&= 1296
\end{aligned}
$$

所以，$48 \times 27=1296$。

（2）计算 $62 \times 51=$______

$$
\begin{aligned}
62 \times 51 &= (60+2) \times (50+1) \\
&= 60 \times 50+60 \times 1+2 \times 50+2 \times 1 \\
&= 3000+60+100+2 \\
&= 3162
\end{aligned}
$$

所以，$62 \times 51=3162$。

（3）计算 $84 \times 127=$______

$$
\begin{aligned}
84 \times 127 &= (80+4) \times (125+2) \\
&= 80 \times 125+80 \times 2+4 \times 125+4 \times 2 \\
&= 10000+160+500+8 \\
&= 10668
\end{aligned}
$$

所以，$84 \times 127=10668$。

练习

（1）计算 $127\times88=$______

（2）计算 $27\times46=$______

（3）计算 $192\times55=$______

（4）计算 $624\times814=$______

（5）计算 $98\times52=$______

（6）计算 $131\times248=$______

十位相同个位互补的两位数相乘

方法

（1）两个乘数的个位上的数字相乘得数为积的后两位数字（不足用 0 补）。

（2）十位相乘时按 $N\times(N+1)$ 的方法进行，得到的积直接写在个位相乘所得的积前面。

如 $a3\times a7$，则先得到 $3\times7=21$，然后计算 $a\times(a+1)$，放在 21 前面即可。

口诀：一个头加 1 后，头乘头，尾乘尾。

推导

我们以 $63\times67=$_____ 为例，可以画出图 3-9。

如图 3-9 所示，因为个位数相加为 10，所以可以拼成一个 $a\times(a+10)$ 的长方形，又因为 a 的个位是 0，所以上面大的长方形面积的后两位数一定都是 0。加上多出来的那个小长方形的面积，即为结果。

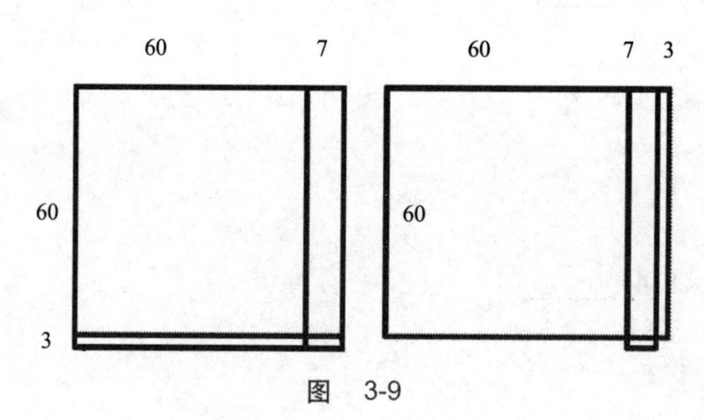

图 3-9

例子

（1）计算 $39\times31=$______

$$9\times1=9$$
$$3\times(3+1)=12$$

所以，$39\times31=1209$。

（2）计算 $72\times78=$______

$$2\times8=16$$
$$7\times(7+1)=56$$

所以，$72\times78=5616$。

（3）计算 $94\times96=$______

$$4\times6=24$$
$$9\times(9+1)=90$$

所以，$94\times96=9024$。

练习

（1）计算 91×99=______

（2）计算 38×32=______

（3）计算 43×47=______

（4）计算 85×85=______

（5）计算 62×68=______

（6）计算 96×94=______

个位相同十位互补的两位数相乘

方法

（1）两个乘数的个位上的数字相乘得数为积的后两位数字（不足用 0 补）。

（2）两个乘数的十位上的数字相乘后加上个位上的数字得数为百位和千位数字。

口诀：一个头加 1 后，头乘头，尾乘尾。

例子

（1）计算 $93\times13=$______

$3\times3=9$

$9\times1+3=12$

所以，$93\times13=1209$。

（2）计算 $27\times87=$______

$7\times7=49$

$2\times8+7=23$

所以，$27\times87=2349$。

（3）计算 $74\times34=$______

$4\times4=16$

$7\times3+4=25$

所以，$74\times34=2516$。

练习

（1）计算 $95\times15=$______

（2）计算 $37\times77=$______

（3）计算 $21\times81=$______

（4）计算 $63\times43=$______

（5）计算 $28 \times 88=$______

（6）计算 $47 \times 67=$______

十位数相同的两位数相乘

方法

（1）把被乘数和乘数十位上数字的整十数相乘。

（2）把被乘数和乘数个位上的数字相加，乘以十位上数字的整十数。

（3）把被乘数和乘数个位上的数字相乘。

（4）把前三步所得结果加起来，即为最终计算结果。

推导

我们以 $17 \times 15=$_____ 为例，可以画出图 3-10。

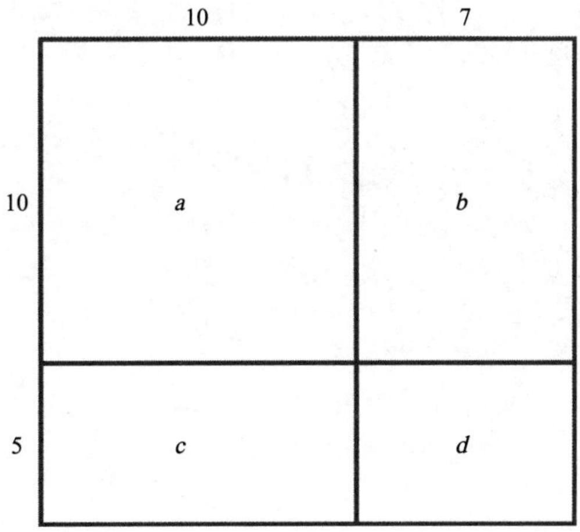

图　3-10

可以看出，图 3-10 中面积可以分为 a、b、c、d 四个部分，其中 a 部分为被乘数和乘数十位上数字的整十数相乘。b、c 两部分为被乘数和乘数个位上的数相加，乘以十位上数字的整十数。d 部分为被乘数和乘数个位上的数字相乘。和即为总面积。

例子

（1）计算 $39\times38=$______

$30\times30=900$

$(9+8)\times30=510$

$9\times8=72$

$900+510+72=1482$

所以，$39\times38=1482$。

（2）计算 $19\times18=$______

$10\times10=100$

$(9+8)\times10=170$

$9\times8=72$

$100+170+72=342$

所以，$19\times18=342$。

（3）计算 $92\times95=$______

$90\times90=8\ 100$

$(2+5)\times90=630$

$2\times5=10$

$8100+630+10=8740$

所以，$92\times95=8740$。

练习

（1）计算 $31\times34=$______

（2）计算 $42\times45=$______

（3）计算 $62\times67=$______

（4）计算 $93 \times 95=$______

（5）计算 $78 \times 79=$______

（6）计算 $52 \times 59=$______

一个数首尾相同与另一个首尾互补的两位数相乘

方法

（1）假设被乘数首尾相同，则乘数首位加 1，得出的和与被乘数首位相乘，得数为前积（千位和百位）。

（2）两尾数相乘，得数为后积（十位和个位），没有十位则用 0 补。

（3）如果被乘数首尾互补，乘数首尾相同，则交换一下被乘数与乘数的位置即可。

例子

（1）计算 $66 \times 37=$______

$$(3+1) \times 6=24$$

$$6 \times 7=42$$

所以，$66 \times 37=2442$。

（2）计算 $99 \times 19=$______

$$(1+1) \times 9=18$$

$$9 \times 9=81$$

所以，$99 \times 19=1881$。

（3）计算 $46 \times 99=$______

$$(4+1) \times 9=45$$

$$6 \times 9=54$$

所以，46 × 99=4554。

练习

（1）计算 82 × 33=______

（2）计算 91 × 55=______

（3）计算 88 × 37=______

（4）计算 77 × 37=______

（5）计算 99 × 82=______

尾数为 1 的两位数相乘

方法

（1）十位与十位相乘，得数为前积（千位和百位）。

（2）十位与十位相加，得数与前积相加，满十进一。

（3）加上 1（尾数相乘，个位始终为 1）。

口诀：头乘头，头加头，尾乘尾。

例子

（1）计算 51 × 31=______

$$50 \times 30=1500$$

$$50+30=80$$

所以，$51 \times 31=1500+80+1=1581$。

注意：

十位上相乘时，在不熟练的时候，数字“0”可以作为助记符，熟练后就可以不使用了。

（2）计算 $81 \times 91=$______

$$80 \times 90=7200$$

$$80+90=170$$

所以，$81 \times 91=7200+170+1=7371$。

或者

$$8 \times 9=72$$

$$80+90=170$$

答案顺着写即可（记得 170 的 1 要进位）：7370。

所以，$81 \times 91=7370+1=7371$。

（3）计算 $51 \times 71=$______

$$5 \times 7=35$$

$$50+70=120$$

所以，$51 \times 71=3621$。

练习

（1）计算 $21 \times 61=$______

（2）计算 $31 \times 91=$______

（3）计算 $81 \times 41=$______

(4) 计算 71 × 91=______

(5) 计算 61 × 51=______

三位以上的数字与 11 相乘

方法

(1) 把和 11 相乘的乘数写在纸上，中间和前后留出适当的空格。

如 *abcd* × 11，则将乘数 *abcd* 写成：

$a \quad b \quad c \quad d$

(2) 将乘数中相邻的两位数字依次相加，求出的和依次写在乘数下面留出的空位上。

$a \quad b \quad c \quad d$

$a+b \quad b+c \quad c+d$

(3) 将乘数的首位数字写在最左边，乘数的末位数字写在最右边。

$a \quad b \quad c \quad d$

$a \quad a+b \quad b+c \quad c+d \quad d$

(4) 第二排的计算结果即为乘数乘以 11 的结果。(注意进位)

口诀：首尾不动下落，中间之和下拉。

例子 1

(1) 计算 85436 × 11=______

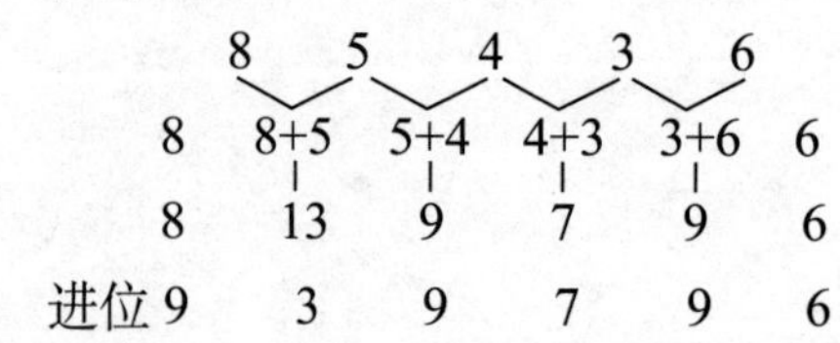

所以，85436 × 11=939796。

(2) 计算 123456 × 11=______

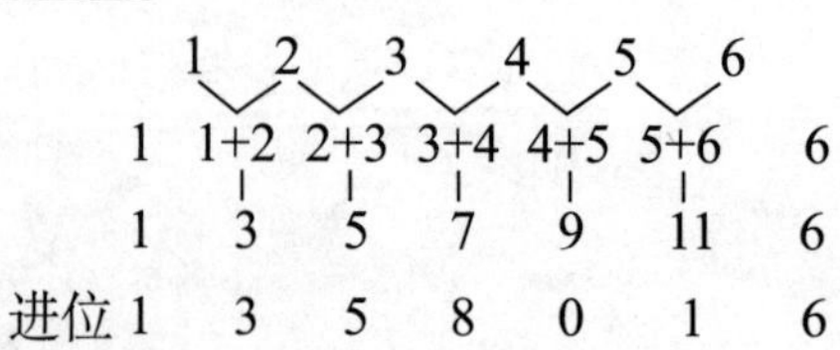

所以，123456 × 11=1358016。

（3）计算 $1342\times11=$______

1　3　4　2

1　1+3　3+4　4+2　2

1　4　7　6　2

所以，$1342\times11=14762$。

其实这种方法也适用于两位和三位数乘以 11 的情况，只是过于简单，规律没那么明显。

例子 2

（1）计算 $11\times11=$______

1　1

1　1+1　1

1　2　1

所以，$11\times11=121$。

（2）计算 $123\times11=$______

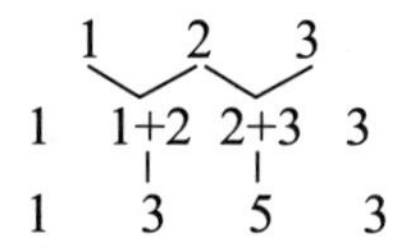

所以，$123\times11=1353$。

（3）计算 $798\times11=$______

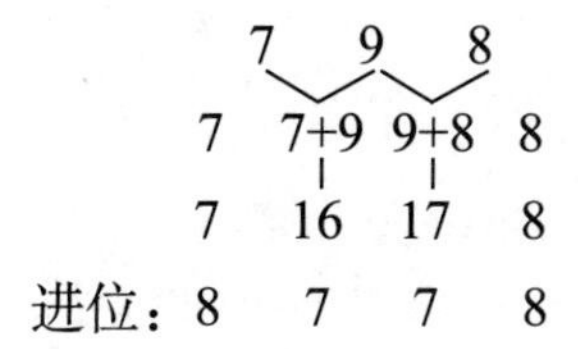

所以，$798\times11=8778$。

扩展阅读

11 与“杨辉三角”

杨辉三角形，又称贾宪三角形、帕斯卡三角形，是二项式系数在三角形中的一种几何排列。

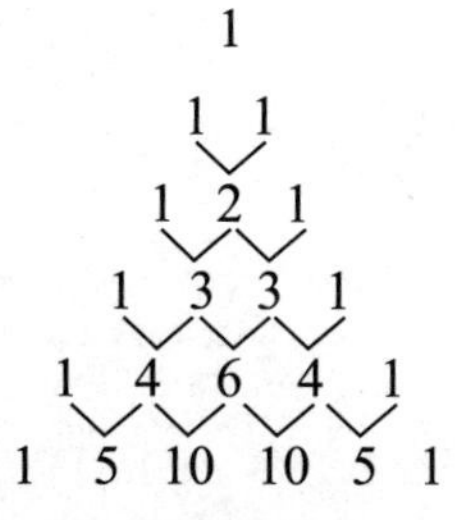

杨辉三角形同时对应于二项式定理的系数。n 次的二项式系数对应杨辉三角形的 $n+1$ 行。例如，在 $(a+b)^2=a^2+2ab+b^2$ 中，2 次的二项式正好对应杨辉三角形第 3 行的系

数 1、2、1。

除此之外，也许你还会发现，这个三角形从第二行开始，是上一行的数乘以 11 所得的积。

1	
1 1	$1\times11=11=11^1$
1 2 1	$11\times11=121=11^2$
1 3 3 1	$121\times11=1\,331=11^3$
1 4 6 4 1	$1331\times11=14641=11^4$
1 5 10 10 5 1	$14641\times11=161051=11^5$

练习

（1）计算 $2445235\times11=$______

（2）计算 $376385\times11=$______

（3）计算 $635\times11=$______

（4）计算 $38950\times11=$______

（5）计算 $7385\times11=$______

（6）计算 $35906\times11=$______

三位以上的数字与 111 相乘

方法

（1）把与 111 相乘的乘数写在纸上，中间和前后留出适当的空格。如 $abc\times111$，积的第一位为 a，第二位为 $a+b$，第三位为 $a+b+c$，第四位为 $b+c$，第五位为 c。

（2）结果即为被乘数乘以 111 的结果。（注意进位）

例子

（1）计算 $543\times111=$______

积的第一位为 5，第二位为 5+4=9，第三位为 5+4+3=12，第四位为 4+3=7，第五位为 3。

即结果为：5　9　12　7　3，

进位后为：60273，

所以，$543\times111=60273$。

如果被乘数为四位数 $abcd$，那么积的第一位为 a，第二位为 $a+b$，第三位为 $a+b+c$，第四位为 $b+c+d$，第五位为 $c+d$，第六位为 d。

（2）计算 $5123\times111=$______

积的第一位为 5，第二位为 5+1=6，第三位为 5+1+2=8，第四位为 1+2+3=6，第五位为 2+3=5，第六位为 3。

即结果为：5　6　8　6　5　3，

所以，$5123\times111=568653$。

如果被乘数为五位数 $abcde$，那么积的第一位为 a，第二位为 $a+b$，第三位为 $a+b+c$，第四位为 $b+c+d$，第五位为 $c+d+e$，第六位为 $d+e$，第七位是 e。

（3）计算 $12345\times111=$______

积的第一位为 1，第二位为 1+2=3，第三位为 1+2+3=6，第四位为 2+3+4=9，第五位为 3+4+5=12，第六位为 4+5=9，第七位是 5。

即结果为：1　3　6　9　12　9　5，

进位后为：1370295，

所以，$12345\times111=1370295$。

注意：

同样，更多位数乘以 111 的结果也都可以用相应的简单计算法计算，大家可以自己试着推算一下相应的公式。

练习

（1）计算 235 × 111=______

（2）计算 315 × 111=______

（3）计算 12567 × 111=______

（4）计算 111111 × 111=______

（5）计算 78653 × 111=______

（6）计算 987654321 × 111=______

接近100的数字相乘

方法

(1) 设定100为基准数,计算出两个数与100之间的差。

(2) 将被乘数与乘数竖排写在左边,两个差竖排写在右边,中间用斜线隔开。

(3) 将上两排数字交叉相加所得的结果写在第三排的左边。

(4) 将两个差相乘所得的积写在右边。

(5) 将第3步的结果乘以基准数100,与第4步所得结果加起来,即为最终计算结果。

例子

(1) 计算86×92=______

先计算出86、92与100的差,分别为−14和−8,因此可以写成下列形式:

86/ −14

92/ −8

交叉相加,86−8或92−14,都等于78,

两个差相乘,(−14)×(−8)=112,

因此可以写成:

86/ −14

92/ −8

78/112

78×100+112=7912

所以,86×92=7912。

(2) 计算93×112=______

先计算出93、112与100的差,分别为−7,12,因此可以写成下列形式:

93/ −7

112/12

交叉相加,93+12或112−7,都等于105,

两个差相乘,(−7)×12= −84,

因此可以写成:

93/ −7

112/12

105/ −84

105×100−84=10416

所以,93×112=10416。

(3) 计算102×113=______

先计算出102、113与100的差,分别为2、13,因此可以写成下列形式:

102/2

113/13

交叉相加，102+13 或 113+2,都等于 115，
两个差相乘，2 × 13=26，
因此可以写成：

102/2
113/13
115/26
115 × 100+26=11526

所以，102 × 113=11526。

练习

（1）计算 115 × 97=______

（2）计算 106 × 107=______

（3）计算 98 × 95=______

（4）计算 89 × 103=______

（5）计算 112 × 103=______

（6）计算 $105\times96=$______

接近 200 的数字相乘

方法

（1）设定 200 为基准数，计算出两个数与 200 之间的差。

（2）将被乘数与乘数竖排写在左边，两个差竖排写在右边，中间用斜线隔开。

（3）将上两排数字交叉相加所得的结果写在第三排的左边。

（4）将两个差相乘所得的积写在右边。

（5）将第 3 步的结果乘以基准数 200，与第 4 步所得结果加起来，即为最终计算结果。

例子

（1）计算 $186\times192=$______

先计算出 186、192 与 200 的差，分别为−14、−8，因此可以写成下列形式：

186/ −14

192/ −8

交叉相加，186−8 或 192−14，都等于 178，

两个差相乘，$(-14)\times(-8)=112$，

因此可以写成：

186/ −14

192/ −8

178/112

$178\times200+112=35712$

所以，$186\times192=35712$。

（2）计算 $193\times212=$______

先计算出 193、212 与 200 的差，分别为−7、12，因此可以写成下列形式：

193/ −7

212/12

交叉相加，193+12 或 212−7，都等于 205，

两个差相乘，$(-7)\times12=-84$，

因此可以写成：

193/ −7

212/12

205/ −84

$$205 \times 200 - 84 = 40916$$

所以，$193 \times 212 = 40916$。

（3）计算 $203 \times 212 =$______

先计算出 203、212 与 200 的差，分别为 3、12，因此可以写成下列形式：

203/3

212/12

交叉相加，203+12 或 212+3，都等于 215，

两个差相乘，$3 \times 12 = 36$，

因此可以写成：

203/3

212/12

215/36

$$215 \times 200 + 36 = 43036$$

所以，$203 \times 212 = 43036$。

扩展阅读

类似地，还可以用这种方法计算接近 250、300、350、400、450、500、1000…数字的乘法，只需选择相应的基准数即可。

当然，当两个数字都接近某个 10 的倍数时，也可以用这种方法，选择这个 10 的倍数作为基准数，这个方法依然适用。大家试试看吧！

练习

（1）计算 $185 \times 211 =$______

（2）计算 $203 \times 198 =$______

（3）计算 $204 \times 208 =$______

（4）计算 211 × 198=______

（5）计算 204 × 203=______

（6）计算 195 × 193=______

接近 50 的数字相乘

方法

（1）设定 50 为基准数，计算出两个数与 50 之间的差。

（2）将被乘数与乘数竖排写在左边，两个差竖排写在右边，中间用斜线隔开。

（3）将上两排数字交叉相加所得的结果写在第三排的左边。

（4）将两个差相乘所得的积写在右边。

（5）将第 3 步的结果乘以基准数 50，与第 4 步所得结果加起来，即为最终计算结果。

例子

（1）计算 46 × 42=______

先计算出 46、42 与 50 的差，分别为−4、−8，因此可以写成下列形式：

46/ −4

42/ −8

交叉相加，46−8 或 42−4，都等于 38，

两个差相乘，(−4) × (−8) =32，

因此可以写成：

46/ −4

42/ −8

38/32

38 × 50+32=1932

所以，46 × 42=1932。

（2）计算 $53\times42=$______

先计算出 53、42 与 50 的差，分别为 3、−8，因此可以写成下列形式：

53/3

42/ −8

交叉相加，53−8 或 42+3，都等于 45，

两个差相乘，$3\times(-8)=-24$，

因此可以写成：

53/3

42/ −8

45/ −24

$45\times50-24=2226$

所以，$53\times42=2226$。

（3）计算 $61\times52=$______

先计算出 61、52 与 50 的差，分别为 11、2，因此可以写成下列形式：

61/11

52/2

交叉相加，61+2 或 52+11，都等于 63，

两个差相乘，$11\times2=22$，

因此可以写成：

61/11

52/2

63/22

$63\times50+22=3172$

所以，$61\times52=3172$。

练习

（1）计算 $53\times48=$______

（2）计算 $47\times51=$______

（3）计算 $46 \times 48=$______

（4）计算 $53 \times 55=$______

（5）计算 $54 \times 46=$______

（6）计算 $51 \times 55=$______

任意数与 9 相乘

方法

（1）将被乘数后面加个“0”。

（2）用上一步的结果减去被乘数，即为结果。

例子

（1）计算 $3 \times 9=$______

3 后面加个 0 变为 30，

减去 3，即：$30-3=27$，

所以，$3 \times 9=27$。

（2）计算 $53 \times 9=$______

53 后面加个 0 变为 530，

减去 53，即：$530-53=477$，

所以，$53\times9=477$。

（3）计算 $365\times9=$______

365 后面加个 0 变为 3650，

减去 365，即：$3650-365=3285$，

所以，$365\times9=3285$。

练习

（1）计算 $9\times9=$______

（2）计算 $45\times9=$______

（3）计算 $135\times9=$______

（4）计算 $3821\times9=$______

（5）计算 $85351\times9=$______

（6）计算 $315654\times9=$______

任意数与 99 相乘

方法

（1）将被乘数后面加两个“0”。

（2）用上一步的结果减去这个数，即为结果。

例子

（1）计算 $3\times99=$______

3 后面加 00 变为 300，

减去 3，即：$300-3=297$，

所以，$3\times99=297$。

（2）计算 $35\times99=$______

35 后面加 00 变为 3500，

减去 35，即：$3500-35=3465$，

所以，$35\times99=3465$。

（3）计算 $435\times99=$______

435 后面加 00 变为 43500，

减去 435，即：$43500-435=43065$，

所以，$435\times99=43065$。

练习

（1）计算 $5\times99=$______

（2）计算 $16\times99=$______

（3）计算 $315\times99=$______

（4）计算 $2355 \times 99=$______

（5）计算 $11111 \times 99=$______

（6）计算 $2596453 \times 99=$______

任意数与 999 相乘

方法

（1）将被乘数后面加三个“0”；

（2）用上一步的结果减去被乘数，即为结果。

例子

（1）计算 $3 \times 999=$______

3 后面加 000 变为 3000，

减去 3，即：$3000-3=2997$，

所以，$3 \times 999=2997$。

（2）计算 $26 \times 999=$______

26 后面加 000 变为 26000，

减去 26，即：$26000-26=25974$，

所以，$26 \times 999=25974$。

（3）计算 $2586 \times 999=$______

2 586 后面加 000 变为 2586000，

减去 2586，即：$2586000-2586=2583414$，

所以，$2586 \times 999=2583414$。

练习

（1）计算 $12\times999=$______

（2）计算 $9\times999=$______

（3）计算 $870\times999=$______

（4）计算 $7635\times999=$______

（5）计算 $3985\times999=$______

（6）计算 $31235\times999=$______

11~19 中的整数相乘

方法

（1）把被乘数跟乘数的个位数加起来。

（2）把被乘数的个位数乘以乘数的个位数。

（3）把第一步的答案乘以 10。

（4）加上第二步的答案，即可。

口诀：头乘头，尾加尾，尾乘尾

推导

我们以 $18\times 17=$_____ 为例，可以画出图 3-11 所示图例。

如图 3-11 所示，可以拼成一个 $10\times(17+8)$ 的长方形，再加上多出来的那个小长方形的面积，即为结果。

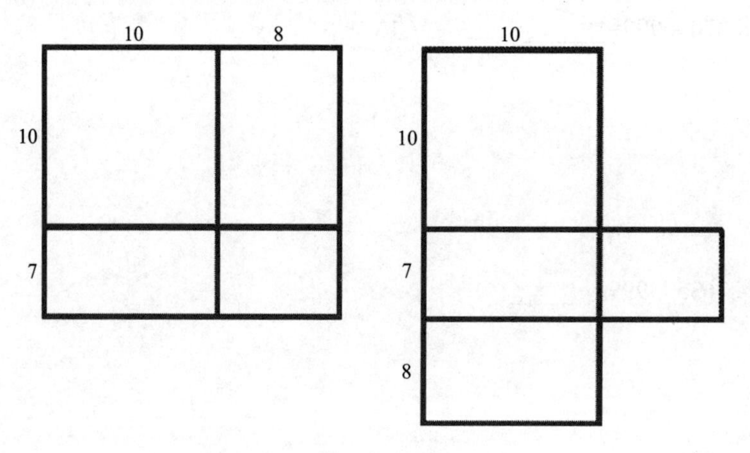

图 3-11

例子

（1）计算 $19\times 13=$______

$$19+3=22$$

$$9\times 3=27$$

$$22\times 10+27=247$$

所以，$19\times 13=247$。

（2）计算 $19\times 19=$______

$$19+9=28$$

$$9\times 9=81$$

$$28\times 10+81=361$$

所以，$19\times 19=361$。

（3）计算 $11\times 14=$______

$$11+4=15$$

$$1 \times 4=4$$

$$15 \times 10+4=154$$

所以，$11 \times 14=154$。

就这样，用心算就可以很快地算出 11×11 到 19×19 了。这真是太神奇了！

扩展阅读

19×19 段乘法表

我们的乘法口诀只需背到 9×9，而印度要求背到 19×19，也许你会不知道怎么办。别急，应用我们上面给出的方法，你也能很容易地计算出来，试试看吧！

下面我们将 19×19 段乘法表列出给大家参考，见图 3-12。

*	1	2	3	4	5	6	7	8	9	10	11	12	13	14	15	16	17	18	19
1	1	2	3	4	5	6	7	8	9	10	11	12	13	14	15	16	17	18	19
2	2	4	6	8	10	12	14	16	18	20	22	24	26	28	30	32	34	36	38
3	3	6	9	12	15	18	21	24	27	30	33	36	39	42	45	48	51	54	57
4	4	8	12	16	20	24	28	32	36	40	44	48	52	56	60	64	68	72	76
5	5	10	15	20	25	30	35	40	45	50	55	60	65	70	75	80	85	90	95
6	6	12	18	24	30	36	42	48	54	60	66	72	78	84	90	96	102	108	114
7	7	14	21	28	35	42	49	56	63	70	77	84	91	98	105	112	119	126	133
8	8	16	24	32	40	48	56	64	72	80	88	96	104	112	120	128	136	144	152
9	9	18	27	36	45	54	63	72	81	90	99	108	117	126	135	144	153	162	171
10	10	20	30	40	50	60	70	80	90	100	110	120	130	140	150	160	170	180	190
11	11	22	33	44	55	66	77	88	99	110	121	132	143	154	165	176	187	198	209
12	12	24	36	48	60	72	84	96	108	120	132	144	156	168	180	192	204	216	228
13	13	26	39	52	65	78	91	104	117	130	143	156	169	182	195	208	221	234	247
14	14	28	42	56	70	84	98	112	126	140	154	168	182	196	210	224	238	252	266
15	15	30	45	60	75	90	105	120	135	150	165	180	195	210	225	240	255	270	285
16	16	32	48	64	80	96	112	128	144	160	176	192	208	224	240	256	272	288	304
17	17	34	51	68	85	102	119	136	153	170	187	204	221	238	255	272	289	306	323
18	18	36	54	72	90	108	126	144	162	180	198	216	234	252	270	288	306	324	342
19	19	38	57	76	95	114	133	152	171	190	209	228	247	266	285	304	323	342	361

图　3-12

练习

（1）计算 $12 \times 17=$______

（2）计算 14×18=______

（3）计算 11×16=______

（4）计算 18×14=______

（5）计算 12×17=______

（6）计算 15×19=______

100~110 中的整数相乘

方法

（1）被乘数加乘数个位上的数字。

（2）个位上的数字相乘。

（3）第 2 步的得数写在第 1 步的得数之后，没有十位用 0 补。

推导

我们以 108×107=______ 为例，可以画出图 3-13 所示图例。

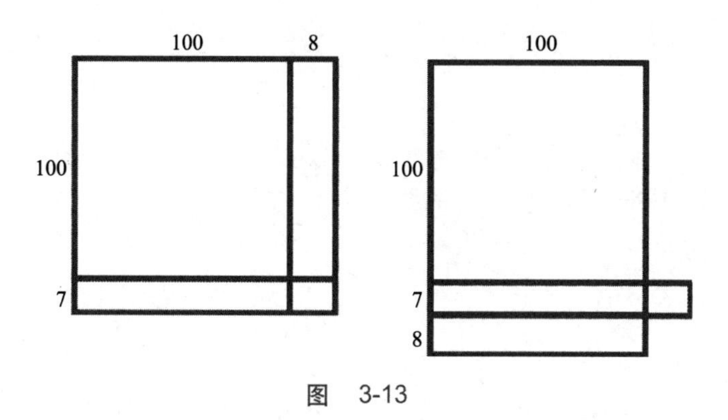

图　3-13

如图 3-13 所示，可以拼成一个 100×（107+8）的长方形，因为一个数乘以 100 的后两位数一定都是 0，所以在后面直接加上多出来的那个小长方形的面积，即为结果。

例子

（1）计算 109×103=______

109+3=112

9×3=27

所以，109×103=11227。

（2）计算 102×101=______

102+1=103

2×1=2

所以，102×101=10302。

（3）计算 108×107=______

108+7=115

8×7=56

所以，108×107=11556。

练习

（1）计算 102×110=______

（2）计算 101×109=______

（3）计算 105×104=______

（4）计算 102×108=______

（5）计算 107×104=______

（6）计算 103×102=______

三位数与两位数相乘

三位数与两位数相乘也可以用交叉计算法，只是比两位数相乘复杂一些。

方法

（1）用三位数和两位数的个位上的数字相乘，所得结果的个位数写在答案的最后一位，十位数作为进位保留。

（2）交叉相乘 1，将三位数个位上的数字与两位数十位上的数字相乘，三位数十位上的数字与两位数个位上的数字相乘，求和后加上上一步中的进位，把结果的个位写在答案的十位数字上，十位上的数字作为进位保留。

（3）交叉相乘 2，将三位数十位上的数字与两位数十位上的数字相乘，三位数百位上的数字与两位数个位上的数字相乘，求和后加上上一步中的进位，把结果的个位写在答案的百位数字上，十位上的数字作为进位保留。

（4）用三位数的百位上的数字和两位数的十位上的数字相乘，加上上一步的进位，写在前三步所得的结果前面即可。

推导

我们假设两个数字分别为*abc*和*xy*,用竖式进行计算,得到:

$$\begin{array}{cccc} & a & b & c \\ & & x & y \\ \hline & ay & by & cy \\ ax & bx & cx & \\ \hline \multicolumn{4}{c}{ax / (ay+bx) / (by+cx) / cy} \end{array}$$

我们来对比一下这个结果与两位数的交叉相乘有什么区别,发现他们的原理是一样的,只是多了一次交叉计算。

如图3-14所示。

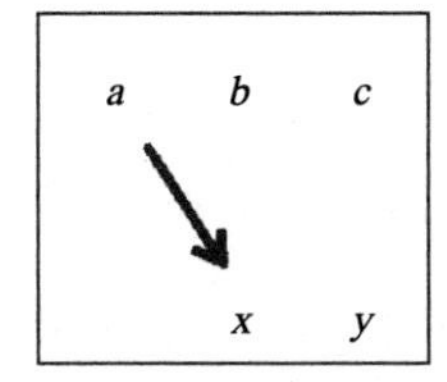

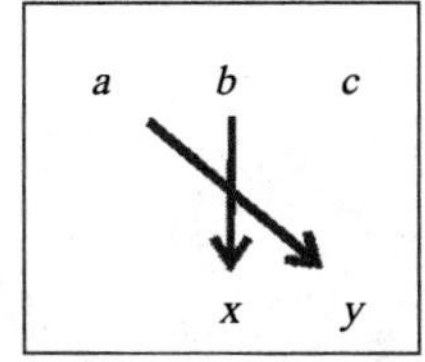

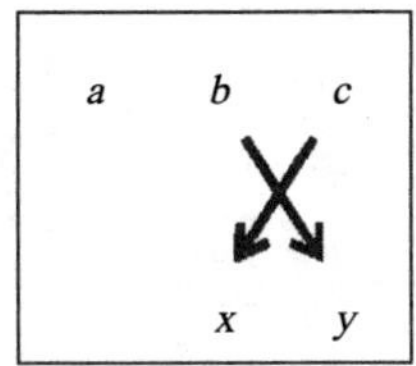

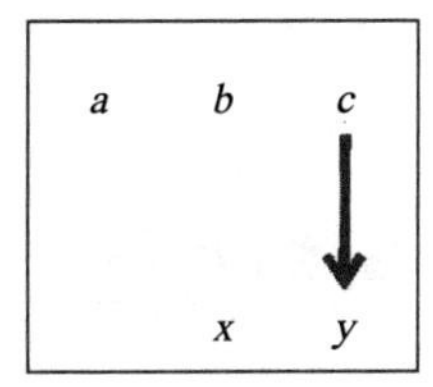

图 3-14

例子

(1)计算298×24=______

$$\begin{array}{c} 2\quad 9\quad 8 \\ \quad\ \ 2\quad 4 \\ \hline 4 / 18+8 / 36+16 / 32 \\ 4 / 26 / 52 / 32 \end{array}$$

进位:进3、进5、进3

结果为:7152

所以,298×24=7152。

(2)计算123×36=______

$$\begin{array}{c} 1\quad 2\quad 3 \\ \quad\ \ 3\quad 6 \\ \hline 3 / 6+6 / 9+12 / 18 \\ 3 / 12 / 21 / 18 \end{array}$$

进位:进1、进2、进1

结果为:4428

所以,123×36=4428。

（3）计算 548 × 36=______

$$\begin{array}{c} 5\quad 4\quad 8 \\ \quad\ \ 3\quad 6 \\ \hline 15 / 30+12 / 24+24 / 48 \\ 15 / 42 / 48 / 48 \end{array}$$

进位：进 4、进 5、进 4

结果为：19728

所以，548 × 36=19728。

练习

（1）计算 327 × 35=______

（2）计算 633 × 57=______

（3）计算 956 × 31=______

（4）计算 825 × 65=______

（5）计算 758 × 24=______

（6）计算 468 × 36=______

三位数乘以三位数

方法

（1）用被乘数和乘数的个位上的数字相乘，所得结果的个位数写在答案的最后一位，十位数作为进位保留。

（2）交叉相乘1，将被乘数个位上的数字与乘数十位上的数字相乘，被乘数十位上的数字与乘数个位上的数字相乘，求和后加上上一步中的进位，把结果的个位写在答案的十位数字上，十位上的数字作为进位保留。

（3）交叉相乘2，将被乘数百位上的数字与乘数个位上的数字相乘，被乘数十位上的数字与乘数十位上的数字相乘，被乘数个位上的数字与乘数百位上的数字相乘，求和后加上上一步中的进位，把结果的个位写在答案的百位数字上，十位上的数字作为进位保留。

（4）交叉相乘3，将被乘数百位上的数字与乘数十位上的数字相乘，被乘数十位上的数字与乘数百位上的数字相乘，求和后加上上一步中的进位，把结果的个位写在答案的千位数字上，十位上的数字作为进位保留。

（5）用被乘数百位上的数字和乘数百位上的数字相乘，加上上一步的进位，写在前三步所得的结果前面即可。

推导

我们假设两个数字分别为 *abc* 和 *xyz*，用竖式进行计算，得到：

$$
\begin{array}{rrrrr}
 & & a & b & c \\
 & & x & y & z \\
\hline
 & & az & bz & cz \\
 & ay & by & cy & \\
ax & bx & cx & & \\
\hline
\multicolumn{5}{r}{ax\ /\ (ay+bx)\ /\ (az+by+cx)\ /\ (bz+cy)/cz}
\end{array}
$$

如图3-15所示。

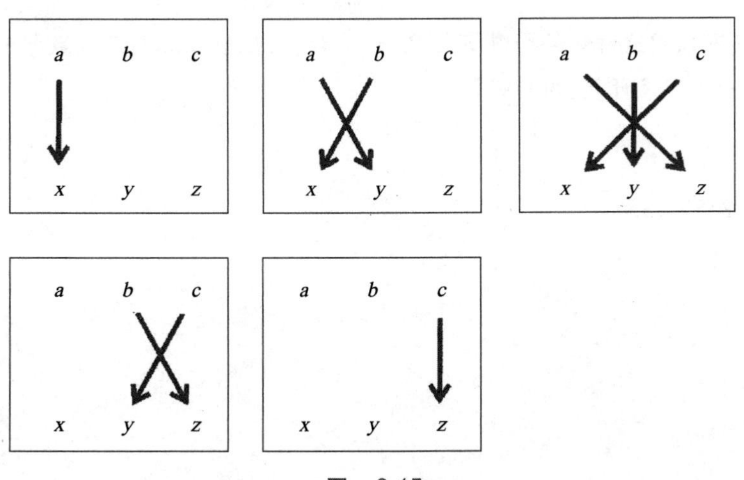

图　3-15

例子

（1）计算 298 × 324=______

2　9　8

3　2　4

---

6 / 4+27 / 24+18+8 / 36+16 / 32

6 / 31 / 50 / 52 / 32

进位：进 3、进 5、进 5、进 3

结果为：96552

所以，298 × 324=96552。

（2）计算 135 × 246=______

1　3　5

2　4　6

---

2 / 4+6 / 6+12+10 / 18+20 / 30

2 / 10 / 28 / 38 / 30

进位：进 1、进 3、进 4、进 3

结果为：33210

所以，135 × 246=33210。

（3）计算 568 × 167=______

5　6　8

1　6　7

---

5 / 6+30 / 35+36+8 / 42+48 / 56

5 / 36 / 79 / 90 / 56

进位：进 4、进 8、进 9、进 5

结果为：94856

所以，568 × 167=94856。

扩展阅读

类似地，还可以用这种方法计算五位数、六位数、七位数 ...... 与三位数相乘，只是每多一位数就需要多一次交叉计算，简单吧！

练习

（1）计算 265 × 135=______

（2）计算 $563 \times 498=$______

（3）计算 $359 \times 468=$______

（4）计算 $654 \times 957=$______

（5）计算 $145 \times 364=$______

（6）计算 $458 \times 248=$______

四位数与两位数相乘

学会了两位数、三位数与两位数相乘，那么四位数与两位数相乘相信也难不倒你了吧。它依然可以用交叉计算法，只是比三位数再复杂一些。

方法

（1）用四位数和两位数的个位上的数字相乘，所得结果的个位数写在答案的最后一位，十位数作为进位保留。

（2）交叉相乘 1，将四位数个位上的数字与两位数十位上的数字相乘，四位数十位上的数字与两位数个位上的数字相乘，求和后加上上一步中的进位，把结果的个位写在答案的十位数字上，十位上的数字作为进位保留。

（3）交叉相乘 2，将四位数十位上的数字与两位数十位上的数字相乘，四位数百位上的数字与两位数个位上的数字相乘，求和后加上上一步中的进位，把结果的个位写在答案的百位数字上，十位上的数字作为进位保留。

（4）交叉相乘 3，将四位数百位上的数字与两位数十位上的数字相乘，四位数千位上的数字与两位数个位上的数字相乘，求和后加上上一步中的进位，把结果的个位写在答案的千位数字上，十位上的数字作为进位保留。

（5）用四位数千位上的数字和两位数的十位上的数字相乘，加上上一步的进位，写在前三步所得的结果前面即可。

推导

我们假设两个数字分别为 $abcd$ 和 xy，用竖式进行计算，得到：

$$
\begin{array}{ccccc}
 & a & b & c & d \\
 & & & x & y \\
\hline
 & ay & by & cy & dy \\
ax & bx & cx & dx & \\
\hline
\multicolumn{5}{c}{ax\,/\,(ay+bx)\,/\,(by+cx)\,/\,(cy+dx)/dy}
\end{array}
$$

我们来对比一下，这个结果和三位数与两位数的交叉相乘有什么区别，可发现他们的原理是一样的，只是又多了一次交叉计算。

如图 3-16 所示。

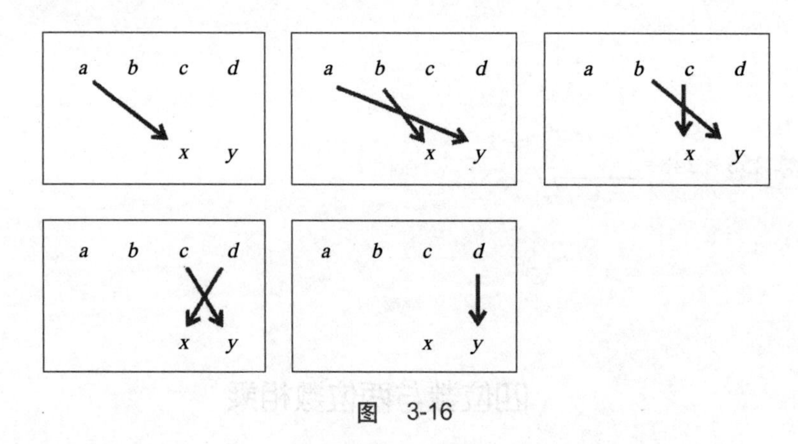

图 3-16

例子

（1）计算 $1298\times24=$______

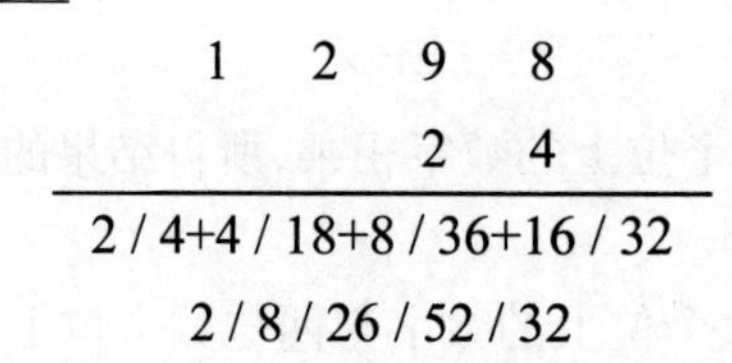

$$
\begin{array}{c}
1\quad 2\quad 9\quad 8 \\
2\quad 4 \\
\hline
2\,/\,4+4\,/\,18+8\,/\,36+16\,/\,32 \\
2\,/\,8\,/\,26\,/\,52\,/\,32
\end{array}
$$

进位：进 1、进 3、进 5、进 3

结果为：31152

所以，1298 × 24=31152。

（2）计算 2368 × 19=______

$$\begin{array}{r} 2\quad 3\quad 6\quad 8 \\ 1\quad 9 \\ \hline 2\,/\,18+3\,/\,27+6\,/\,8+54\,/\,72 \\ 2\,/\,21\,/\,33\,/\,62\,/\,72 \end{array}$$

进位：进 2、进 3、进 6、进 7

结果为：44992

所以，2368 × 19=44992。

（3）计算 9548 × 73=______

$$\begin{array}{r} 9\quad 5\quad 4\quad 8 \\ 7\quad 3 \\ \hline 63\,/\,35+27\,/\,28+15\,/\,56+12\,/\,24 \\ 63\,/\,62\,/\,43\,/\,68\,/\,24 \end{array}$$

进位：进 6、进 5、进 7、进 2

结果为：697004

所以，9548 × 73=697004。

扩展阅读

类似地，还可以用这种方法计算五位数、六位数、七位数 ...... 与两位数相乘，只是每多一位数需要多一次交叉计算，简单吧！

练习

（1）计算 1524 × 35=______

（2）计算 2648 × 34=______

（3）计算 $1982\times28=$______

（4）计算 $3721\times99=$______

（5）计算 $6485\times49=$______

（6）计算 $1981\times16=$______

四位数乘以三位数

方法

（1）用四位数和三位数的个位上的数字相乘，所得结果的个位数写在答案的最后一位，十位数作为进位保留。

（2）交叉相乘1，将四位数个位上的数字与三位数十位上的数字相乘，四位数十位上的数字与三位数个位上的数字相乘，求和后加上上一步中的进位，把结果的个位写在答案的十位数字上，十位上的数字作为进位保留。

（3）交叉相乘2，将四位数百位上的数字与三位数个位上的数字相乘，四位数十位上的数字与三位数十位上的数字相乘，四位数个位上的数字与三位数百位上的数字相乘，求和后加上上一步中的进位，把结果的个位写在答案的百位数字上，十位上的数字作为进位保留。

（4）交叉相乘3，将四位数千位上的数字与三位数个位上的数字相乘，四位数百位上的数字与三位数十位上的数字相乘，四位数十位上的数字与三位数百位上的数字相乘，求和后加上上一步中的进位，把结果的个位写在答案的千位数字上，十位上的数字作为进位保留。

（5）交叉相乘4，将四位数千位上的数字与三位数十位上的数字相乘，四位数百位上的数字与三位数百位上的数字相乘，求和后加上上一步中的进位，把结果的个位写在答案的万位数字上，十位上的数字作为进位保留。

（6）用四位数千位上的数字和三位数百位上的数字相乘，加上上一步的进位，写在前三步所得的结果前面即可。

推导

我们假设两个数字分别为 *abcd* 和 *xyz*，用竖式进行计算，得到：

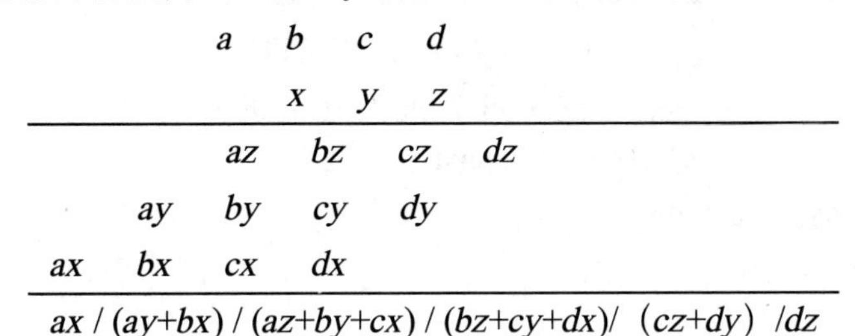

如图 3-17 所示。

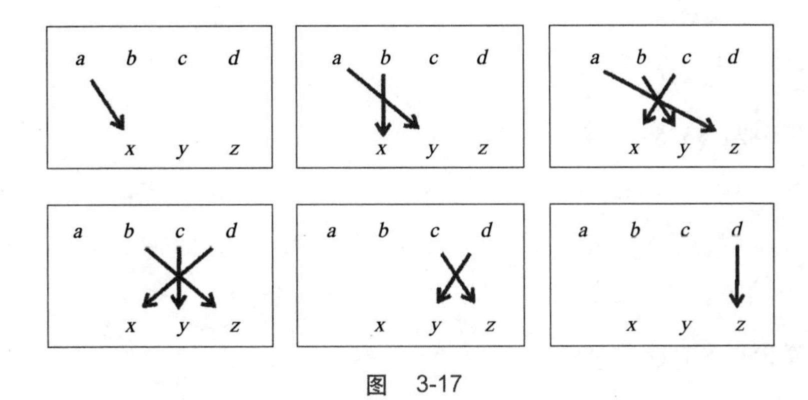

图　3-17

例子

（1）计算 1298×324=______

$$
\begin{array}{r}
1\quad 2\quad 9\quad 8 \\
3\quad 2\quad 4 \\
\hline
\end{array}
$$

3 / 6+2 / 4+4+27 / 24+18+8 / 36+16 / 32

3 / 8 / 35 / 50 / 52 / 32

进位：进 1、进 4、进 5、进 5、进 3

结果为：420552

所以，1298×324=420552。

（2）计算 1234×246=______

$$
\begin{array}{r}
1\quad 2\quad 3\quad 4 \\
2\quad 4\quad 6 \\
\hline
\end{array}
$$

2 / 4+4 / 6+8+6 / 12+12+8 / 18+16 / 24

2 / 8 / 20 / 32 / 34 / 24

进位：进 1、进 2、进 3、进 3、进 2

结果为：303564

所以，1234 × 246=303564。

（3）计算 5927 × 652=______

$$
\begin{array}{r}
5\quad 9\quad 2\quad 7 \\
6\quad 5\quad 2 \\
\hline
30 / 25+54 / 10+45+12 / 18+10+42 / 4+35 / 14 \\
30 / 79 / 67 / 70 / 39 / 14
\end{array}
$$

进位：进 8、进 7、进 7、进 4、进 1

结果为：3864404

所以，5927 × 652=3864404。

扩展阅读

类似地，还可以用这种方法计算五位数、六位数、七位数 ...... 与三位数相乘，只是每多一位数需要多一次交叉计算。

练习

（1）计算 3824 × 315=______

（2）计算 3515 × 168=______

（3）计算 3335 × 624=______

（4）计算 6644 × 365=______

（5）计算 $9855 \times 185=$______

（6）计算 $8965 \times 648=$______

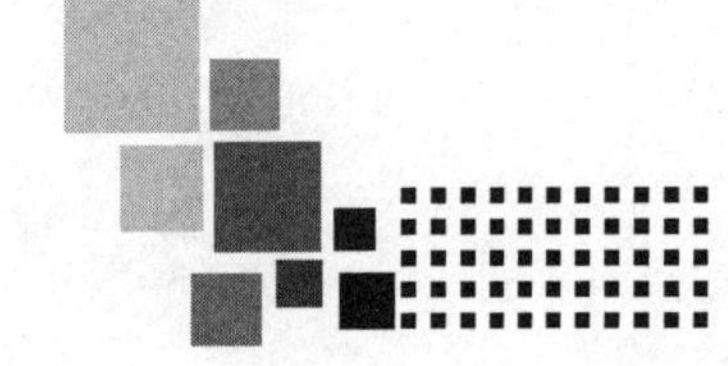

第四辑　乘方速算法

心算 11~19 的平方

方法

（1）以 10 为基准数，计算出要求的数与基准数的差。

（2）利用公式 $1a^2=1a+a/a^2$ 求出平方（用 $1a$ 来表示十位为 1，个位为 a 的数字）。

（3）斜线只作区分之用，后面只能有 1 位数字，超出部分进位到斜线前面。

例子

（1）计算 11^2=______

$$\begin{aligned}11^2 &= 11+1/1^2\\ &= 12/1\\ &= 121\end{aligned}$$

（2）计算 12^2=______

$$\begin{aligned}12^2 &= 12+2/2^2\\ &= 14/4\\ &= 144\end{aligned}$$

（3）计算 13^2=______

$$\begin{aligned}13^2 &= 13+3/3^2\\ &= 16/9\\ &= 169\end{aligned}$$

（4）计算 14^2=______

$$\begin{aligned}14^2 &= 14+4/4^2\\ &= 18/16\\ &= 196\text{（进位）}\end{aligned}$$

练习

（1）计算 15^2=______

（2）计算 16^2=______

（3）计算 17^2=______

（4）计算 18^2=______

（5）计算 19^2=______

心算 21~29 的平方

方法

（1）以 20 为基准数，计算出要求的数与基准数的差。

（2）利用公式 $\overline{2a}^2=2\times(\overline{2a}+a)/a^2$ 求出平方（用 $2a$ 表示十位为 2、个位为 a 的数字）。

（3）斜线只作区分之用，后面只能有 1 位数字，超出部分进位到斜线前面。

例子

（1）计算 21^2=______

$$\begin{aligned}21^2 &= 2\times(21+1)/1^2\\ &= 44/1\\ &= 441\end{aligned}$$

（2）计算 22^2=______

$$\begin{aligned}22^2 &= 2\times(22+2)/2^2\\ &= 48/4\\ &= 484\end{aligned}$$

（3）计算 23^2=______

$$23^2 = 2 \times (23+3) / 3^2$$
$$= 52/9$$
$$= 529$$

（4）计算 24^2=______

$$24^2 = 2 \times (24+4) / 4^2$$
$$= 56/16$$
$$= 576$$（进位）

练习

（1）计算 25^2=______

（2）计算 26^2=______

（3）计算 27^2=______

（4）计算 28^2=______

（5）计算 29^2=______

心算 31~39 的平方

方法

(1) 以 30 为基准数，计算出要求的数与基准数的差。

(2) 利用公式 $3a^2=3\times(3a+a)/a^2$ 求出平方（用 $3a$ 表示十位为 3、个位为 a 的数字）。

(3) 斜线只作区分之用，后面只能有 1 位数字，超出部分进位到斜线前面。

例子

(1) 计算 31^2=______

$$31^2=3\times(31+1)/1^2$$
$$=96/1$$
$$=961$$

(2) 计算 32^2=______

$$32^2=3\times(32+2)/2^2$$
$$=102/4$$
$$=1024$$

(3) 计算 33^2=______

$$33^2=3\times(33+3)/3^2$$
$$=108/9$$
$$=1089$$

(4) 计算 34^2=______

$$34^2=3\times(34+4)/4^2$$
$$=114/16$$
$$=1156 \text{（进位）}$$

扩展阅读

运用上面的公式，可以很容易地计算出 41~99 的平方数，计算的方法都是类似的。

公式：

$$4a^2=4\times(4a+a)/a^2$$
$$5a^2=5\times(5a+a)/a^2$$
$$6a^2=6\times(6a+a)/a^2$$
$$7a^2=7\times(7a+a)/a^2$$
$$8a^2=8\times(8a+a)/a^2$$
$$9a^2=9\times(9a+a)/a^2$$

例子

（1）计算 64^2=______

$$64^2 = 6 \times (64+4) / 4^2$$
$$= 408/16$$
$$= 4096$$（进位）

（2）计算 83^2=______

$$83^2 = 8 \times (83+3) / 3^2$$
$$= 688/9$$
$$= 6889$$

（3）计算 96^2=______

$$96^2 = 9 \times (96+6) / 6^2$$
$$= 918/36$$
$$= 9216$$（进位）

练习

（1）计算 36^2=______

（2）计算 47^2=______

（3）计算 58^2=______

（4）计算 69^2=______

（5）计算 72^2=______

（6）计算 99^2=______

尾数为 5 的两位数的平方

方法

（1）两个乘数的个位上的 5 相乘得到 25。

（2）十位相乘时应按 $N\times(N+1)$ 的方法进行，得出的积直接写在 25 的前面。

如 $a5\times a5$，则先得到 25，然后计算 $a\times(a+1)$，得出的积放在 25 前面即可。

例子

（1）计算 35×35=______

$$5\times5=25$$

$$3\times(3+1)=12$$

所以，$35\times35=1225$。

（2）计算 85×85=______

$$5\times5=25$$

$$8\times(8+1)=72$$

所以，$85\times85=7225$。

（3）计算 105×105=______

$$5\times5=25$$

$$10\times(10+1)=110$$

所以，$105\times105=11025$。

练习

（1）计算 15^2=______

（2）计算 25^2=______

（3）计算 45^2=______

（4）计算 55^2=______

（5）计算 95^2=______

（6）计算 195^2=______

尾数为 6 的两位数的平方

我们前面学过尾数为 5 的两个两位数的平方计算方法，两个乘数的个位上的 5 相乘得到 25。

现在我们来学习尾数为 6 的两位数的平方算法。

方法

（1）先算出这个数减 1 的平方数。

（2）算出这个数与比这个数小 1 的数的和。

（3）前两步的结果相加即可。

例子

（1）计算 76^2=______

75^2=5625

76+75=151

5625+151=5776

所以，76^2=5776。

（2）计算 16^2=______

15^2=225

16+15=31

225+31=256

所以，16^2=256。

（3）计算 96^2=______

$$95^2=9025$$
$$96+95=191$$
$$9025+191=9216$$

所以，96^2=9216。

练习

（1）计算 26^2=______

（2）计算 46^2=______

（3）计算 56^2=______

（4）计算 66^2=______

（5）计算 86^2=______

（6）计算 196^2=______

尾数为 7 的两位数的平方

方法

（1）先算出这个数减 2 的平方数。

（2）算出这个数与比这个数小 2 的数的和的 2 倍。

（3）前两步的结果相加即可。

例子

（1）计算 87^2=______

$$85^2=7225$$
$$(87+85)\times2=344$$
$$7225+344=7569$$

所以，$87^2=7569$。

（2）计算 27^2=______

$$25^2=625$$
$$(27+25)\times2=104$$
$$625+104=729$$

所以，$27^2=729$。

（3）计算 57^2=______

$$55^2=3025$$
$$(57+55)\times2=224$$
$$3025+224=3249$$

所以，$57^2=3249$。

扩展阅读

相邻两个自然数的平方之差是多少？

学过平方差公式的同学们应该很容易就回答出这个问题。

$$b^2-a^2=(b+a)(b-a)$$

所以差为 1 的两个自然数的平方差为：

$$(a+1)^2-a^2=(a+1)+a$$

差为 2 的两个自然数的平方差为：

$$(a+2)^2-a^2=[(a+1)+a]\times2$$

同理差为 3 的也可以计算出来。

练习

（1）计算 17^2=______

（2）计算 37^2=______

（3）计算 77^2=______

（4）计算 97^2=______

（5）计算 107^2=______

（6）计算 197^2=______

尾数为 8 的两位数的平方

方法

（1）先凑整算出这个数加 2 的平方数。

（2）算出这个数与比这个数大 2 的数的和的 2 倍。

（3）前两步的结果相减，即可。

例子

（1）计算 78^2=______

$$80^2=6400$$
$$(78+80)\times 2=316$$
$$6400-316=6084$$

所以，$78^2=6084$。

（2）计算 28^2=______

$30^2=900$

$(28+30)\times 2=116$

$900-116=784$

所以，$28^2=784$。

（3）计算 58^2=______

$60^2=3600$

$(58+60)\times 2=236$

$3600-236=3364$

所以，$58^2=3364$。

扩展阅读

尾数为 1、2、3、4 的两位数的平方数与上面这种方法相似，只需找到相应的尾数为 5 或者尾数为 0 的整数即可。

另外不止两位数适用本方法，其他的多位数平方同样适用。

练习

（1）计算 28^2=______

（2）计算 38^2=______

（3）计算 98^2=______

（4）计算 88^2=______

（5）计算 68^2=______

（6）计算 108^2=______

尾数为 9 的两位数的平方

方法

（1）先凑整算出这个数加 1 的平方数。

（2）算出这个数与比这个数大 1 的数的和。

（3）前两步的结果相减即可。

例子

（1）计算 79^2=______

80^2=6400

79+80=159

6400－159=6241

所以，79^2=6241。

（2）计算 19^2=______

20^2=400

19+20=39

400－39=361

所以，19^2=361。

（3）计算 59^2=______

60^2=3600

59+60=119

3600－119=3481

所以，59^2=3481。

练习

（1）计算 29^2=______

（2）计算 39^2=______

（3）计算 99^2=______

（4）计算 49^2=______

（5）计算 69^2=______

（6）计算 109^2=______

尾数为1的两位数的平方

方法

（1）底数的十位乘以十位（即十位的平方），得数为前积（千位和百位）。

（2）底数的十位加十位（即十位乘以2），得数为后积（十位和个位）。满十进一。

（3）最后加1。

例子

（1）计算 71^2=______

$$70 \times 70=4900$$

$$70 \times 2=140$$

所以，71^2=4900+140+1=5041。

（2）计算 91^2=______

$$90\times 90=8100$$
$$90\times 2=180$$

所以，91^2=8100+180+1=8281。

或者：熟悉之后，可以省掉后面的 0 进行速算。

$$9\times 9=81$$
$$9\times 2=18$$

所以，91^2=8281。

（3）计算 31^2=______

$$30\times 30=900$$
$$30\times 2=60$$

所以，31^2=961。

注意：

可参阅乘法速算中的“尾数为 1 的两位数相乘”。

练习

（1）计算 81^2=______

（2）计算 61^2=______

（3）计算 21^2=______

（4）计算 51^2=______

（5）计算 41^2=______

25 ~ 50 的两位数的平方

方法

（1）用底数减去 25,得数为前积（千位和百位）。

（2）50 减去底数所得的差的平方作为后积（十位和个位）,满百进 1,没有十位补 0。

例子

（1）计算 37^2=______

$$37-25=12$$
$$(50-37)^2=169$$

所以，37^2=1369。

注意：底数减去 25 后,要记住在得数的后面留两个位置给十位和个位。

（2）计算 26^2=______

$$26-25=1$$
$$(50-26)^2=576$$

所以，26^2=676。

（3）计算 42^2=______

$$42-25=17$$
$$(50-42)^2=64$$

所以，42^2=1764。

练习

（1）计算 49^2=______

（2）计算 31^2=______

（3）计算 29^2=______

(4) 计算 45^2=______

(5) 计算 28^2=______

任意两位数的平方

方法

(1) 用 ab 来表示要计算平方的两位数,其中 a 为十位上的数，b 为个位上的数。

(2) 结果的第一位为 a^2,第二位为 $2ab$,第三位为 b^2。

(3) 斜线只作区分之用,后面只能有 1 位数字,超出部分进位到斜线前面。

例子

(1) 计算 13^2=______

$1^2/2\times1\times3/3^2$

1/6/9

结果为：169。

所以，13^2=169。

(2) 计算 62^2=______

$6^2/2\times6\times2/2^2$

36/24/4

进位后结果为：3844。

所以，62^2=3844。

(3) 计算 57^2=______

$5^2/2\times5\times7/7^2$

25/70/49

进位后结果为：3249。

所以，57^2=3249。

练习

(1) 计算 19^2=______

（2）计算 27^2=______

（3）计算 93^2=______

（4）计算 88^2=______

（5）计算 54^2=______

（6）计算 79^2=______

任意三位数的平方

方法

（1）用 *abc* 来表示要计算平方的三位数，其中 *a* 为百位上的数，*b* 为十位上的数，*c* 为个位上的数。

（2）结果的第一位为 a^2，第二位为 $2ab$，第三位为 $2ac+b^2$，第四位为 $2bc$，第五位为 c^2。

（3）斜线只作区分之用，后面只能有 1 位数字，超出部分进位到斜线前面。

例子

（1）计算 132^2=______

$1^2/2\times1\times3/2\times1\times2+3^2/2\times3\times2/2^2$

1/6/13/12/4

进位后结果为：17424

所以，$132^2=17424$。

（2）计算 $262^2=$______

$2^2/2\times2\times6/2\times2\times2+6^2/2\times6\times2/2^2$

4/24/44/24/4

进位后结果为：68644

所以，$262^2=68644$。

（3）计算 $568^2=$______

$5^2/2\times5\times6/2\times5\times8+6^2/2\times6\times8/8^2$

25/60/116/96/64

进位后结果为：322624

所以，$568^2=322624$。

练习

（1）计算 $176^2=$______

（2）计算 $726^2=$______

（3）计算 $597^2=$______

（4）计算 $152^2=$______

（5）计算 $185^2=$______

（6）计算 836^2=______

用基数法计算三位数的平方

方法

（1）以100的整数倍为基准数，计算出要求的数与基准数的差。并将差的平方的后两位作为结果的后两位，如果超出两位则记下这个进位。

（2）将要求的数与差相加，乘以这个整数倍。如果上一步有进位，则加上进位，与上一步的后两位合在一起作为结果。

（3）斜线只作区分之用，后面只能有1位数字，超出部分进位到斜线前面。

例子

（1）计算 213^2=______

基准数为200。

213－200=13

13^2=169，记下69进位1

213+13=226

226×2=452

所以结果为：452/169

进位后得到：45369

所以，213^2=45369。

（2）计算 812^2=______

基准数为800。

812－800=12

12^2=144

812+12=824

824×8=6592

所以结果为：6592/144

进位后得到：659344

所以，812^2=659344。

（3）计算 489^2=______

基准数为500。

489－500=－11

$(-11)^2$=121

489－11=478

$478\times5=2390$

所以结果为：2390/121

进位后得到：239121

所以，$489^2=239121$。

练习

（1）计算 $115^2=$______

（2）计算 $297^2=$______

（3）计算 $486^2=$______

（4）计算 $509^2=$______

（5）计算 $612^2=$______

（6）计算 $704^2=$______

以10开头的三四位数的平方

方法

(1) 计算出10后面的数的平方。

(2) 将“10”后面的数字乘以2再扩大100倍（三位数）或1000倍（四位数）。

(3) 将前两步所得结果相加,再加上10000（三位数）或1000000（四位数）。

例子

(1) 计算 108^2=______

$8\times8=64$

$8\times2\times100=1600$

$10000+1600+64=11664$

所以，$108^2=11664$。

(2) 计算 1015^2=______

$15\times15=225$

$15\times2\times1000=30000$

$1000000+30000+225=1030225$

所以，$1015^2=1030225$。

(3) 计算 1024^2=______

$24\times24=576$

$24\times2\times1000=48000$

$1000000+48000+576=1048576$

所以，$1024^2=1048576$。

练习

(1) 计算 101^2=______

(2) 计算 109^2=______

(3) 计算 1025^2=______

（4）计算 1096^2=______

（5）计算 1074^2=______

（6）计算 1011^2=______

两位数的立方

方法

（1）把要求立方的这个两位数用 ab 表示。其中 a 为十位上的数字，b 为个位上的数字。

（2）分别计算出 a^3、a^2b、ab^2、b^3 的值，写在第一排。

（3）将上一排中间的两个数 a^2b、ab^2 分别乘以 2，写在第二排对应的 a^2b、ab^2 下面。

（4）将上面两排数字相加，所得即为答案（注意进位）。

例子

（1）计算 12^3=______

$a=1$，$b=2$

$a^3=1$，$a^2b=2$，$ab^2=4$，$b^3=8$

	1	2	4	8
		4	8	
	1	6	12	8
进位：	1	7	2	8

所以，12^3=1728。

（2）计算 26^3=______

$a=2$，$b=6$

$a^3=8$，$a^2b=24$，$ab^2=72$，$b^3=216$

		8	24	72	216
			48	144	
		8	72	216	216
进位：	1	7	5	7	6

所以，$26^3=17576$。

（3）计算 $21^3=$______

$a=2$，$b=1$

$a^3=8$，$a^2b=4$，$ab^2=2$，$b^3=1$

```
        8   4   2   1
            8   4
      ─────────────────
        8  12   6   1
进位：  9   2   6   1
```

所以，$21^3=9261$。

练习

（1）计算 $31^3=$______

（2）计算 $24^3=$______

（3）计算 $76^3=$______

（4）计算 $97^3=$______

（5）计算 $15^3=$______

（6）计算 22^3=______

用基准数法算两位数的立方

方法

（1）以 10 的整数倍为基准数，计算出要求的数与基准数的差。
（2）将要求的数与差的 2 倍相加。
（3）将第二步的结果乘以基准数的平方。
（4）将第二步的结果减去基准数，乘以差，再乘以基准数。
（5）计算出差的立方。
（6）将 3、4、5 步的结果相加即可。

例子

（1）计算 13^3=______
基准数为 10。

$13-10=3$
$13+3\times2=19$
$19\times10^2=1900$
$(19-10)\times3\times10=270$
$3^3=27$
结果为：$1900+270+27=2197$

所以，$13^3=2197$。
（2）计算 62^3=______

基准数为 60。
$62-60=2$
$62+2\times2=66$
$66\times60^2=237600$
$(66-60)\times2\times60=720$
$2^3=8$
结果为：$237600+720+8=238328$

所以，$62^3=238328$。
（3）计算 37^3=______

基准数为 40。
$37-40=-3$
$37+(-3)\times2=31$

$31\times40^2=49600$
$(31-40)\times(-3)\times40=1080$
$(-3)^3=-27$
结果为：$49600+1080-27=50653$

所以，$37^3=50653$。

练习

（1）计算 $21^3=$______

（2）计算 $14^3=$______

（3）计算 $56^3=$______

（4）计算 $77^3=$______

（5）计算 $95^3=$______

（6）计算 $33^3=$______

第五辑　除法速算法及其他技巧

如果除数以 5 结尾

方法

将被除数和除数同时乘以一个数，使得除数变成容易计算的数字。

例子

（1）计算 2436÷5=______

将被除数和除数同时乘以 2，

得到 4872÷10，

结果是：487.2，

所以，2436÷5=487.2。

（2）计算 1324÷25=______

将被除数和除数同时乘以 4，

得到 5296÷100，

结果是 52.96，

所以，1324÷25=52.96。

（3）计算 2445÷15=______

将被除数和除数同时乘以 2，

得到 4890÷30，

结果是 163，

所以，2445÷5=163。

注意：

这种被除数和除数同时乘以一个数后进行简单计算的情况，不再适用于商和余数的形式。

练习

（1）计算 1024÷15=______

（2）计算 $8569 \div 25=$______

（3）计算 $1111 \div 55=$______

（4）计算 $9578 \div 5=$______

（5）计算 $649 \div 35=$______

（6）计算 $64 \div 5=$______

一个数除以 9 的神奇规律

在这里的除法我们不计算成小数的形式，如果除不尽，我们会表示为商是几余几的形式。

1. 两位数除以 9

方法

（1）商是被除数的第一位。
（2）余数是被除数个位和十位上数字的和。

例子

（1）计算 $24 \div 9=$______
商是 2，
余数是 $2+4=6$，

所以，24÷9=4 余 6。

当然这种算法有特殊情况。

(2) 计算 28÷9=______

商是 2，

余数是 2+8=10，

我们发现个位和十位相加大于除数 9，这时则需要调整一下进位，变成商是 3，余数是 1，

所以，28÷9=3 余 1。

(3) 计算 27÷9=______

商是 2，

余数是 2+7=9，

个位和十位相加等于除数 9，说明可以除尽，

所以进位后，商为 3，

所以，27÷9=3。

2. 三位数除以 9

方法

(1) 商的十位是被除数的第一位。

(2) 商的个位是被除数的第一位和第二位的和。

(3) 余数是被除数的个位、十位和百位上数字的总和。

(4) 注意当商中某一位大于等于 10 或当余数大于等于 9 的时候需进位调整。

例子

(1) 计算 124÷9=______

商的十位是 1，个位是 1+2=3，

所以商是 13，

余数是 1+2+4=7，

所以，124÷9=13 余 7。

(2) 计算 284÷9=______

商的十位是 2，个位是 2+8=10，

所以商是 30，

余数是 2+8+4=14，

进位调整商是 31，余数是 5，

所以，284÷9=31 余 5。

(3) 计算 369÷9=______

商的十位是 3，个位是 3+6=9，

所以商是 39，

余数是 3+6+9=18，

进位调整商是 41，余数是 0，

所以，369÷9=41。

3．四位数除以 9

方法

（1）商的百位是被除数的第一位。
（2）商的十位是被除数的第一位和第二位的和。
（3）商的个位是被除数前三位的数字和。
（4）余数是被除数各位上数字的总和。
（5）注意当商中某一位大于等于 10 或当余数大于等于 9 的时候进位调整。

例子

（1）计算 2114÷9=______
商的百位是 2，十位是 2+1=3，个位是 2+1+1=4，
所以商是 234，
余数是 2+1+1+4=8，
所以，2114÷9=234 余 8。
（2）计算 2581÷9=______
商的百位是 2，十位是 2+5=7，个位是 2+5+8=15，
所以商是 285，
余数是 2+5+8+1=16，
进位调整商是 286，余数是 7，
所以，2581÷9=286 余 7。
（3）计算 3721÷9=______
商的百位是 3，十位是 3+7=10，个位是 3+7+2=12，
所以商是 412，
余数是 3+7+2+1=13，
进位调整商是 413，余数是 4，
所以，3721÷9=413 余 4。

练习

（1）计算 98÷9=______

（2）计算 52÷9=______

（3）计算 $214 \div 9=$______

（4）计算 $725 \div 9=$______

（5）计算 $2114 \div 9=$______

（6）计算 $6513 \div 9=$______

印度验算法

我们平时进行验算时，往往是重新计算一遍，看结果是否与上一次的结果相同。这相当于用两倍的时间来计算一个题目。而印度的验算法相当简单，首先我们需要定义一个方法$N(a)$，它的目的是将一个多位数转化为一个个位数。它的运算规则如下：①如果 a 是多位数，那么 $N(a)$ 就等于 N（这个多位数各位上数字的和）；②如果 a 是个一位数，那么 $N(a)=a$；③如果 a 是负数，那么 $N(a)=(a+9)$；④ $N(a)+N(b)=a+b$，$N(a)-N(b)=a-b$，$N(a)\times N(b)=a\times b$。

有了这个定义，我们就能对加减乘法进行验算了（除法不适用）。

例子

（1）验算 $75+26=101$

左边：$N(75)+N(26)=N(7+5)+N(2+6)$

$=N(12)+N(8)$

$=N(1+2)+N(8)$

$=N(3)+N(8)$

$=N(3+8)$

$=N(11)$

$=N(2)$

$=2$

右边：$N(101)=N(1+0+1)$

$=N(2)$

$=2$

左边和右边相等，说明计算正确。

(2) 验算 $75-26=49$

左边：$N(75)-N(26)=N(7+5)-N(2+6)$

$=N(12)-N(8)$

（注：这一步可以直接得到4，下面的方法是让大家了解负数的情况如何计算）

$=N(1+2)+N(8)$

$=N(3)-N(8)$

$=N(3-8)$

$=N(-5)$

$=N(-5+9)$

$=N(4)$

$=4$

右边：$N(49)=N(4+9)$

$=N(13)$

$=N(1+3)$

$=N(4)$

$=4$

左边和右边相等，说明计算正确。

(3) 验算 $75\times26=1950$

左边：$N(75)\times N(26)=N(7+5)\times N(2+6)$

$=N(12)\times N(8)$

$=N(96)$

$=N(9+6)$

$=N(15)$

$=N(1+5)$

$=N(6)$

$=6$

右边：$N(1950)=N(1+9+5+0)$

$=N(15)$

$=N(1+5)$

$=6$

左边和右边相等,说明计算正确。

练习

（1）验算 88+26=114

（2）验算 94+63=157

（3）验算 105－26=79

（4）验算 6675－526=6149

（5）验算 97×16=1552

（6）验算 37×77=2849

完全平方数的平方根

所谓完全平方数，就是指这个数是某个整数的平方。也就是说一个数如果是另一个整数的平方，那么我们就称这个数为完全平方数，也叫做平方数。

例如，表 5-1 所示。

表 5-1

$1^2=1$	$2^2=4$	$3^2=9$
$4^2=16$	$5^2=25$	$6^2=36$
$7^2=49$	$8^2=64$	$9^2=81$
$10^2=100$	……	

观察这些完全平方数，可以获得对它们的个位数、十位数、数字和等规律性的认识。下面我们来研究完全平方数的一些常用性质。

性质 1：完全平方数的末位数只能是 1、4、5、6、9 或者 00。

换句话说，一个数字如果以 2、3、7、8 或者单个 0 结尾，那这个数一定不是完全平方数。

性质 2：奇数的平方的个位数字为奇数，偶数的平方的个位数一定是偶数。

证明：

奇数必为下列五种形式之一。

$10a+1$、$10a+3$、$10a+5$、$10a+7$、$10a+9$

分别平方后，得：

$(10a+1)^2=100a^2+20a+1=20a(5a+1)+1$

$(10a+3)^2=100a^2+60a+9=20a(5a+3)+9$

$(10a+5)^2=100a^2+100a+25=20(5a+5a+1)+5$

$(10a+7)^2=100a^2+140a+49=20(5a+7a+2)+9$

$(10a+9)^2=100a^2+180a+81=20(5a+9a+4)+1$

综上各种情形可知：奇数的平方，个位数字为奇数 1、5、9；十位数字为偶数。

同理可证明偶数的平方的个位数一定是偶数。

性质 3：如果完全平方数的十位数字是奇数，则它的个位数字一定是 6；反之，如果完全平方数的个位数字是 6，则它的十位数字一定是奇数。

推论 1：如果一个数的十位数字是奇数，而个位数字不是 6，那么这个数一定不是完全平方数。

推论 2：如果一个完全平方数的个位数字不是 6，则它的十位数字是偶数。

性质 4：偶数的平方是 4 的倍数；奇数的平方是 4 的倍数加 1。

这是因为 $(2k+1)^2=4k(k+1)+1$

$(2k)^2=4k^2$

性质 5：奇数的平方是 $8n+1$ 型；偶数的平方为 $8n$ 或 $8n+4$ 型。

在性质 4 的证明中，由 $k(k+1)$ 一定为偶数可得到 $(2k+1)^2$ 是 $8n+1$ 型的数；由为奇数或偶数可得 $(2k)^2$ 为 $8n$ 型或 $8n+4$ 型的数。

性质 6：平方数的形式必为下列两种之一，$3k$、$3k+1$。

因为自然数被 3 除按余数的不同可以分为三类：$3m$、$3m+1$、$3m+2$。平方后，分别得

$(3m)^2=9m^2=3k$

$(3m+1)^2=9m^2+6m+1=3k+1$

$(3m+2)^2=9m^2+12m+4=3k+1$

性质 7：不是 5 的因数或倍数的数的平方为 $5k+/-1$ 型，是 5 的因数或倍数的数为 $5k$ 型。

性质 8：平方数的形式具有下列形式之一，$16m$、$16m+1$、$16m+4$、$16m+9$。

记住完全平方数的这些性质有利于我们判断一个数是不是完全平方数。为此，我们要记住以下结论：

（1）个位数是 2、3、7、8 的整数一定不是完全平方数；

（2）个位数和十位数都是奇数的整数一定不是完全平方数；

（3）个位数是 6，十位数是偶数的整数一定不是完全平方数；

（4）形如 $3n+2$ 型的整数一定不是完全平方数；

（5）形如 $4n+2$ 和 $4n+3$ 型的整数一定不是完全平方数；

（6）形如 $5n\pm2$ 型的整数一定不是完全平方数；

（7）形如 $8n+2$、$8n+3$、$8n+5$、$8n+6$、$8n+7$ 型的整数一定不是完全平方数。

除此之外，要找出一个完全平方数的平方根，还要弄清以下两个问题。

（1）如果一个完全平方数的位数为 n，那么，它的平方根的位数为 $n/2$ 或 $(n+1)/2$。

（2）记住对应数。只有了解这些对应数，才能找到平方根。见表 5-2。

表　5-2

数字	对应数
a	a^2
ab	$2ab$
abc	$2ac+b^2$
$abcd$	$2ad+abc$
$abcde$	$2ae+2bd+c^2$
$abcdef$	$2af+2be+2cd$

方法

（1）先根据被开方数的位数计算出结果的位数。

（2）将被开方数的各位数字分成若干组（如果位数为奇数，则每个数字各成一组；如位数为偶数，则前两位为一组，其余数字各成一组）。

（3）看第一组数字最接近哪个数的平方，找出答案的第一位数（答案第一位数的平方一定要不大于第一组数字）。

（4）将第一组数字减去答案第一位数字的平方所得的差，与第二组数字组成的数字作为被除数，答案的第一位数字的 2 倍作为除数，所得的商为答案的第二位数字，余数则与下一组数字作为下一步计算之用。（如果被开方数的位数不超过 4 位，到这一步即可结束。）

（5）将上一步所得的数字减去答案第二位数字的对应数（如果结果为负数，则将上一步中得到的商的第二位数字减 1 重新计算），所得的差作为被除数，依然以答案的第一位数

字的 2 倍作为除数，商即为答案的第三位数字。（如果被开方数为 5 位或 6 位，则会用到此步。7 位以上过于复杂我们暂且忽略。）

例子

（1）计算 2116 的平方根

因为被开方数为 4 位，根据前面的公式：

平方根的位数应该为 4÷2=2 位

因为位数为 4，偶数，所以前两位分为一组，其余数字各成一组，分组得：

21　1　6

找出答案的第一位数字：4^2=16 最接近 21，所以答案的第一位数字为 4。

将 4 写在与 21 对应的下面，$21-4^2$=5，写在 21 的右下方，与第二组数字 1 构成被除数 51。4×2=8 为除数写在最左侧，得到图 5-1。

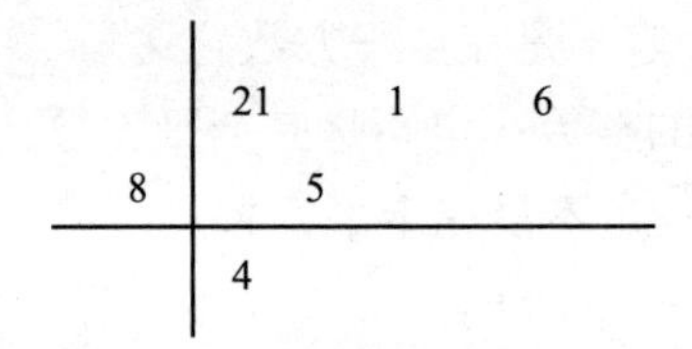

图 5-1

51÷8=6 余 3，把 6 写在第二组数字 1 下面对应的位置，作为第二位的数字。余数 3 写在第二组数字 1 的右下方。而 $36-6^2$=0，见图 5-2。

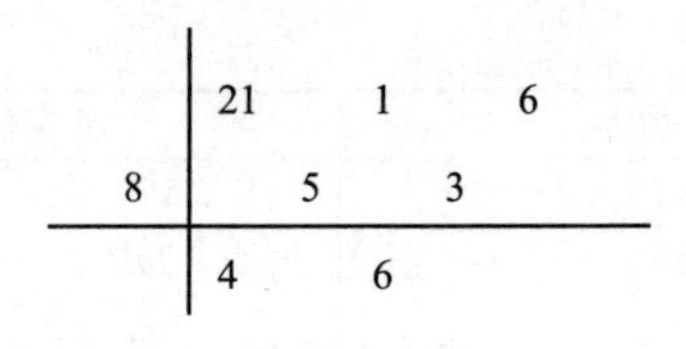

图 5-2

这样就得到了答案，即 2116 的平方根为 46。

（2）计算 9604 的平方根

因为被开方数为 4 位，根据前面的公式：

平方根的位数应该为 4÷2=2 位

因为位数为 4，偶数，所以前两位分为一组，其余数字各成一组，分组得：

96　0　4

找出答案的第一位数字：9^2=81 最接近 96，所以答案的第一位数字为 9。

将 9 写在与 96 对应的下面，$96-9^2$=15，写在 96 的右下方，与第二组数字 0 构成被除数 150。9×2=18 为除数写在最左侧，得到图 5-3。

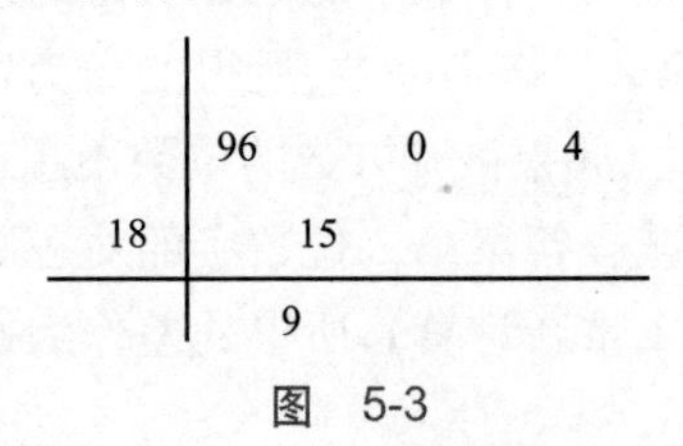

图 5-3

150÷18=8 余 6，把 8 写在第二组数字 0 下面对应的位置，作为第二位的数字。余数 3 写在第二组数字 0 的右下方。而 $64-8^2=0$，见图 5-4。

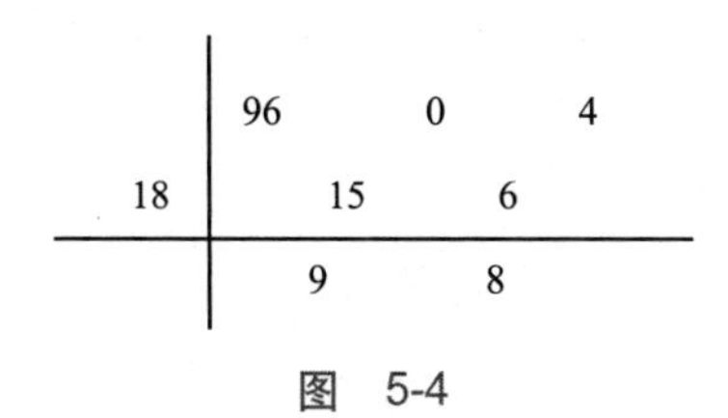

图　5-4

这样就得到了答案，即 9604 的平方根为 98。

（3）计算 18496 的平方根

因为被开方数为 5 位，根据前面的公式：

平方根的位数应该为 (5+1)÷2=3 位

因为位数为 5，奇数，所以每个数字各成一组，分组得：

1　8　4　9　6

找出答案的第一位数字：$1^2=1$ 最接近 1，所以答案的第一位数字为 1。

将 1 写在与第一组数字 1 对应的下面，$1-1^2=0$，写在 1 的右下方，与第二组数字 8 构成被除数 8。1×2=2 为除数写在最左侧，得到图 5-5。

	1	8	4	9	6
2	0				
	1				

图　5-5

8÷2=4 余 0，把 4 写在第二组数字 8 下面对应的位置，作为第二位的数字。余数 0 写在第二组数字 8 的右下方，见图 5-6。

	1	8	4	9	6
2	0	0			
	1	4			

图　5-6

因为答案第二位的对应数为 $4^2=16$，4－16 为负数，所以将上一步得到的答案第二位改为 3，变为图 5-7。

	1	8	4	9	6
2	0	2			
	1	3			

图　5-7

减去对应数后，$24-3^2=15$，15 除以除数 2 等于 7，见图 5-8。

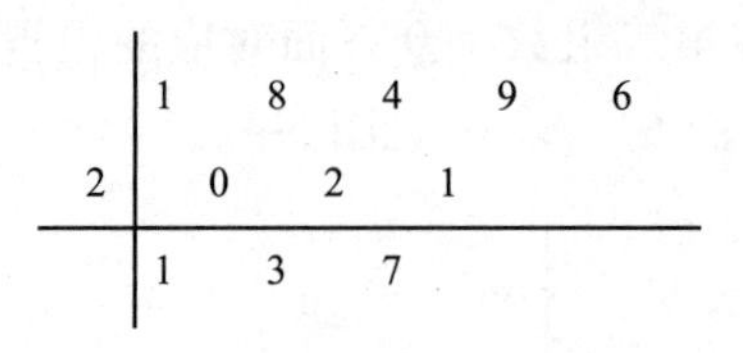

图 5-8

此时发现 19 减去 37 的对应数依然是负数，所以将上一位的 7 改为 6。此时减去对应数后才不是负数，见图 5-9。

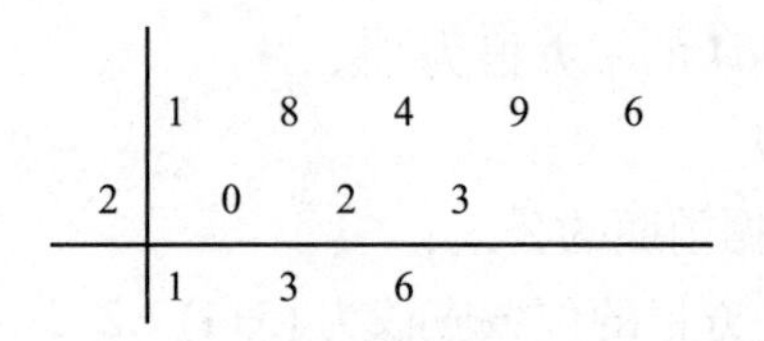

图 5-9

这样就得到了答案，即 18496 的平方根为 136。

（4）计算 729316 的平方根。

因为被开方数为 6 位，根据前面的公式：

平方根的位数应该为 $6\div2=3$ 位

因为位数为 6，偶数，所以前两位为一组，其余数字各成一组，分组得：

72　9　3　1　6

找出答案的第一位数字：$8^2=64$ 最接近 72，所以答案的第一位数字为 8。

将 8 写在与第一组数字 72 对应的下面，$72-8^2=8$，写在 72 的右下方，与第二组数字 9 构成被除数 89。$8\times2=16$ 为除数写在最左侧，得到图 5-10。

	72	9	3	1	6
16	8				
	8				

图 5-10

$89\div16=5$ 余 9，把 5 写在第二组数字 9 下面对应的位置，作为第二位的数字。余数 9 写在第二组数字 9 的右下方，见图 5-11。

	72	9	3	1	6
16	8	9			
	8	5			

图 5-11

减去对应数后，$93-5^2=68$，68 除以除数 16 等于 4 余 4，见图 5-12。

	72	9	3	1	6
16	8	9	4		
	8	5	4		

图　5-12

41 减去 54 的对应数为 1，为正数，所以就得到了答案，即 729316 的平方根为 854。

练习

（1）计算 9604 的平方根。

（2）计算 3025 的平方根。

（3）计算 676 的平方根。

（4）计算 2209 的平方根。

（5）计算 10404 的平方根。

（6）计算 39601 的平方根。

完全立方数的立方根

相对来说，完全立方数的立方根要比完全平方数的平方根计算起来简单得多。但是，我们首先还是要先了解一下计算立方根的背景资料，见表 5-3。

表 5-3

$1^3=1$	$2^3=8$	$3^3=27$
$4^3=64$	$5^3=125$	$6^3=216$
$7^3=343$	$8^3=512$	$9^3=729$
$10^3=1000$	……	

观察这些完全立方数,你会发现一个很有意思的特点：1 ~ 9 的立方的末位数也分别是 1~9,不多也不少。而且 2 的立方尾数为 8,而 8 的立方尾数为 2；3 的立方尾数的 7,而 7 的立方尾数为 3；1、4、5、6、9 的立方的尾数依然是 1、4、5、6、9；10 的立方尾数有 3 个 0。记住这些规律对我们求解一个完全立方数的立方根是有好处的。

方法

(1) 将立方数排列成一横排,从最右边开始,每三位数加一个逗号。这样一个完全立方数就被逗号分成了若干个组。

(2) 看最右边一组的尾数是多少,从而确定立方根的最后一位数。

(3) 看最左边一组,看它最接近哪个数的立方（这个数的立方不能大于这组数）,从而确定立方根的第一位数。

(4) 这个方法对于位数不多的求立方根的完全立方数比较适用。

例子

(1) 求 9261 的立方根。

9，261

2　　1

先看后三位数,尾数为 1,所以立方根的尾数也为 1,

再看逗号前面为 9,而 $2^3=8$,所以立方根的第一位是 2,

所以 9161 的立方根为 21。

(2) 求 778688 的立方根。

778，688

9　　2

先看后三位数,尾数为 8,所以立方根的尾数为 2,

再看逗号前面为 778,而 $9^3=721$,所以立方根的第一位是 9,

所以 778688 的立方根为 92。

(3) 求 17576 的立方根。

17，576

2　　6

先看后三位数,尾数为 6,所以立方根的尾数为 6,

再看逗号前面为 17,而 $2^3=8$，$3^3=27$ 就大于 17 了,所以立方根的第一位是 2,

所以 17576 的立方根为 26。

练习

（1）计算 1331 的立方根。

（2）计算 3375 的立方根。

（3）计算 9261 的立方根。

（4）计算 729 的立方根。

（5）计算 13824 的立方根。

（6）计算 512 的立方根。

将纯循环小数转换成分数

方法

（1）设 a 等于这个循环小数。

（2）看循环小数是几位循环，如果是多位循环，就乘以相应的整数。即 1 位循环乘以 10，2 位循环乘以 100，3 位循环乘以 1000…以此类推。

（3）将上一步所得的结果与第一步的算式相减。

（4）能约分的进行约分。

例子

（1）将纯循环小数 0.555555…转换成分数

设 a=0.5555…

两边同时乘以 10，得到 10a=5.5555…，

相减得到 9a=5，

a=5/9，

所以，0.555555…转换成分数为 5/9。

（2）将纯循环小数 0.272727…转换成分数

设 *a*=0.272727…

两边同时乘以 100，得到 100a=27.272727…，

相减得到 99a=27，

a=27/99

=3/11

所以，0.272727…转换成分数 3/11。

（3）将纯循环小数 0.080808…转换成分数

设 *a*=0.080808…

两边同时乘以 100，得到 100a=8.0808…，

相减得到 99a=8，

a=8/99，

所以，0.080808…转换成分数 8/99。

练习

（1）将纯循环小数 0.7777…转换成分数

（2）将纯循环小数 0.545454…转换成分数

（3）将纯循环小数 0.121121121…转换成分数

（4）将纯循环小数 0.818181…转换成分数

二元一次方程的解法

我们都学习过二元一次方程组，一般的解法是消去某个未知数，然后代入求解。例如下面的问题：

$$\begin{cases} 2x+y=5 \cdots\cdots ① \\ x+2y=4 \cdots\cdots ② \end{cases}$$

我们一般的解法是把①式写成 $y=5-2x$ 的形式，代入②式中，消去 y，解出 x，然后代入解出 y。或者将①式等号两边同时乘以 2，变成 $4x+2y=10$，与②式相减，消去 y，解出 x，然后代入解出 y。

这种方法在 x、y 的系数比较小的时候用起来比较方便，一旦系数变大，计算起来就复杂多了。下面我们介绍一种更简单的方法。

方法

（1）将方程组写成 $\begin{cases} ax+by=c \\ dx+ey=f \end{cases}$ 的形式。

（2）将两个式子中 x、y 的系数交叉相乘，并相减，所得的数作为分母。

（3）将两个式子中 x 的系数与常数交叉相乘，并相减，所得的数作为 y 的分子。

（4）将两个式子中的常数和 y 的系数交叉相乘，并相减，所得的数作为 x 的分母。

（5）即 $x=(ce-fb)/(ae-db)$；$y=(af-dc)/(ae-db)$

例子

（1）
$$\begin{cases} 3x+y=10 \\ x+2y=10 \end{cases}$$

首先计算出 x、y 的系数交叉相乘的差，即 $3\times2-1\times1=5$，

再计算出 x 的系数与常数交叉相乘的差，即 $3\times10-1\times10=20$，

最后计算出常数与 y 的系数交叉相乘的差，即 $10\times2-10\times1=10$，

这样 $x=10/5=2$；$y=20/5=4$

所以，结果为 $\begin{cases} x=2 \\ y=4 \end{cases}$。

（2）
$$\begin{cases} 2x+y=8 \\ 3x+2y=13 \end{cases}$$

首先计算出 x、y 的系数交叉相乘的差，即 $2\times2-3\times1=1$，

再计算出 x 的系数与常数交叉相乘的差，即 $2\times13-3\times8=2$，

最后计算出常数与 y 的系数交叉相乘的差，即 $8\times2-13\times1=3$，

这样 $x=3/1=3$；$y=2/1=2$

所以，结果为 $\begin{cases} x=3 \\ y=2 \end{cases}$。

(3) $\begin{cases}9x+y=-5\\7x+2y=1\end{cases}$

首先计算出 x、y 的系数交叉相乘的差,即 $9\times2-7\times1=11$,

再计算出 x 的系数与常数交叉相乘的差,即 $9\times1-7\times(-5)=44$,

最后计算出常数与 y 的系数交叉相乘的差,即 $(-5)\times2-1\times1=-11$,

这样 $x=-11/11=-1$;$y=44/11=4$

所以,结果为 $\begin{cases}x=-1\\y=4\end{cases}$ 。

练习

(1) $\begin{cases}3x+y=14\\5x+2y=25\end{cases}$

(2) $\begin{cases}4x+y=11\\3x+2y=12\end{cases}$

(3) $\begin{cases}2x+7y=23\\5x+3y=14\end{cases}$

神奇的数字规律

神奇的 3

$3\times3=9$

$33\times33=1089$

$333\times333=110889$

$3333\times3333=11108889$

$33333\times33333=1111088889$

$333333\times333333=111110888889$

$3333333\times3333333=11111108888889$

$33333333\times33333333=1111111088888889$

神奇的 9

$9\times1=9$

$9\times2=18$

$9\times3=27$

$9\times4=36$

$9\times5=45$

$9\times6=54$

$9\times7=63$

9×8=72

9×9=81

99×1=99

99×2=198

99×3=297

99×4=396

99×5=495

99×6=594

99×7=693

99×8=792

99×9=891

99×11=1089

99×12=1188

99×13=1287

99×14=1386

99×15=1485

99×16=1584

99×17=1683

99×18=1782

99×19=1881

根据这个结果,我们可以找出一个任意的两位数乘以 99 所得结果的规律。

方法

(1) 将乘数减掉 1。

(2) 计算出乘数相对于 100 的补数。

(3) 将上两步得到的结果合在一起即可。

例子 1

(1) 计算 99×85=______

85－1=84,

85 相对于 100 的补数为 15,

所以结果为：8415,

所以，99×85=8415。

(2) 计算 99×88=______

88－1=87,

88 相对于 100 的补数为 12,

所以结果为：8712，

所以，99 × 88=8712。

（3）计算 99 × 25=______

25 − 1=24，

25 相对于 100 的补数为 75，

所以结果为：2475，

所以，99 × 25=2475。

这个方法对多位数乘法也同样适用，只是求补数的时候要相应地做些变化。而且记住一定要满足以下两个条件。

（1）相乘的两个数中，其中某一个数各位数的数字必须都是 9。

（2）两个数的数位必须相同。

例子 2

（1）计算 9999 × 7685=______

7685 − 1=7684，

7685 相对于 10000 的补数为 2315，

所以结果为：76842315，

所以，9999 × 7685=76842315。

（2）计算 9999999 × 9876543=______

9876543 − 1=9876542，

9876543 相对于 10000000 的补数为 0123457，

所以结果为：98765420123457，

所以，9999999 × 9876543=98765420123457。

（3）计算 99999 × 55555=______

55555 − 1=55554，

55555 相对于 100000 的补数为 44445，

所以结果为：5555444445，

所以，99999 × 55555=5555444445。

数字金字塔

3 × 9+6=33

33 × 99+66=3333

333 × 999+666=333333

3333 × 9999+6666=33333333

33333 × 99999+66666=3333333333

$123456789 \times 9+10=1111111111$

$12345678 \times 9+9=111111111$

$1234567 \times 9+8=11111111$

$123456 \times 9+7=1111111$

$12345 \times 9+6=111111$

$1234 \times 9+5=11111$

$123 \times 9+4=1111$

$12 \times 9+3=111$

$1 \times 9+2=11$

$123456789 \times 81+9 \times 10=9999999999$

$12345678 \times 72+8 \times 9=888888888$

$1234567 \times 63+7 \times 8=77777777$

$123456 \times 54+6 \times 7=6666666$

$12345 \times 45+5 \times 6=555555$

$1234 \times 36+4 \times 5=44444$

$123 \times 27+3 \times 4=3333$

$12 \times 18+2 \times 3=222$

$1 \times 9+1 \times 2=11$

一位数与 9 相乘的手算法

方法

（1）伸出双手，并列放置，手心对着自己。

（2）从左到右的 10 根手指分别编号为 1~10。

（3）计算某个数与 9 的乘积时，只需将编号为这个数的手指弯曲起来，然后数弯曲的手指左边和右边各有几根手指即可。

（4）弯曲手指左边的手指数为结果的十位数字，弯曲手指右边的手指数为结果的个位数字。这样就可以轻松得到结果。

例子

（1）计算 $2 \times 9=$______

伸出 10 根手指，

将左起第二根手指弯曲，

数出弯曲手指左边的手指数为 1，

数出弯曲手指右边的手指数为 8，

结果即为：18。

所以，$2 \times 9=18$。

（2）计算 9×9=______

伸出 10 根手指，

将左起第 9 根手指弯曲，

数出弯曲手指左边的手指数为 8，

数出弯曲手指右边的手指数为 1，

结果即为：81。

所以，9×9=81。

（3）计算 5×9=______

伸出 10 根手指，

将左起第 5 根手指弯曲，

数出弯曲手指左边的手指数为 4，

数出弯曲手指右边的手指数为 5，

结果即为：45。

所以，5×9=45。

练习

（1）计算 1×9=______

（2）计算 4×9=______

（3）计算 6×9=______

（4）计算 7×9=______

（5）计算 8×9=______

两位数与 9 相乘的手算法

方法

（1）伸出双手，并列放置，手心对着自己。

（2）从左到右的 10 根手指分别编号为 1~10。

（3）计算某个两位数与 9 的乘积时，两位数的十位数字是几，就加大第几根手指与后面手指的指缝。

（4）两位数的个位数字是几，就把编号为这个数的手指弯曲起来。

（5）指缝前面的伸直的手指数为结果的百位数字，指缝右边开始到弯曲手指之间的手指数为结果的十位数字，弯曲手指右边的手指数为结果的个位数字。这样就可以轻松得到结果。（如果弯曲的手指不在指缝的右边，则从外面计算。）

例子

（1）计算 28×9=______

伸出 10 根手指，

因为十位数是 2，所以把第二根手指与第三根手指间的指缝加大，

因为个位数是 8，将左起第八根手指弯曲，

数出指缝前伸直的手指数为 2，

数出指缝右边到弯曲手指之间的手指数为 5，

数出弯曲手指右边的手指数为 2，

结果即为：252，

所以，28×9=252。

（2）计算 65×9=______

伸出 10 根手指，

因为十位数是 6，所以把第六根手指与第七根手指间的指缝加大，

因为个位数是 5，将左起第五根手指弯曲，

数出指缝前伸直的手指数为 5，

数出指缝右边到弯曲手指之间的手指数，因为弯曲手指在指缝的左边，所以从外面数，即指缝右边有 4 根手指，最前面到弯曲手指之间有 4 根手指，加起来为 8，

数出弯曲手指右边的手指数为 5，

结果即为：585，

所以，65×9=585。

(3) 计算 $77\times9=$______

伸出 10 根手指，

因为十位数是 7,所以把第七根手指与第八根手指间的指缝加大，

因为个位数是 7,将左起第七根手指弯曲，

数出指缝前伸直的手指数为 6，

数出指缝右边到弯曲手指之间的手指数,因为弯曲手指在指缝的左边,所以从外面数，即指缝右边有 3 根手指,最前面到弯曲手指之间有 6 根手指,加起来为 9，

数出弯曲手指右边的手指数为 3，

结果即为：693，

所以，$77\times9=693$。

练习

(1) 计算 $12\times9=$______

(2) 计算 $99\times9=$______

(3) 计算 $41\times9=$______

(4) 计算 $89\times9=$______

(5) 计算 $72\times9=$______

（6）计算 $57\times9=$______

6~10 中乘法的手算法

方法

（1）伸出双手，手心对着自己，指尖相对。

（2）从每只手的小拇指开始到大拇指，分别编号为 6~10。

（3）计算 6~10 中的两个数相乘时，将左手中表示被乘数的手指与右手中表示乘数的手指对在一起。

（4）这时，相对的两个手指及下面的手指数之和为结果十位上的数字。

（5）上面手指数的乘积为结果个位上的数字。

例子

（1）计算 $8\times9=$______

伸出双手，手心对着自己，指尖相对，

因为被乘数是 8，乘数是 9，所以把左手中代表 8 的手指（中指）和右手中代表 9 的手指（食指）对起来，

此时，相对的两个手指加上下面的 5 根手指是 7，

上面左手有 2 根手指，右手有 1 根手指，乘积为 2，

所以结果为：72，

所以，$8\times9=72$。

（2）计算 $6\times8=$______

伸出双手，手心对着自己，指尖相对，

因为被乘数是 6，乘数是 8，所以把左手中代表 6 的手指（小拇指）和右手中代表 8 的手指（中指）对起来，

此时，相对的两个手指加上下面的 2 根手指是 4，

上面左手有 4 根手指，右手有 2 根手指，乘积为 8，

所以结果为：48，

所以，$6\times8=48$。

（3）计算 $6\times6=$______

伸出双手，手心对着自己，指尖相对，

因为被乘数是 6，乘数是 6，所以把左手中代表 6 的手指（小拇指）和右手中代表 6 的手指（小拇指）对起来，

此时，相对的两个手指加上下面 0 根手指是 2，

上面左手有 4 根手指，右手有 4 根手指，乘积为 16，

所以结果为 36（注意进位），

所以，$6\times6=36$。

（4）计算 $9\times10=$______

伸出双手，手心对着自己，指尖相对，

因为被乘数是 9，乘数是 10，所以把左手中代表 9 的手指（食指）和右手中代表 10 的手指（大拇指）对起来，

此时，相对的两个手指加上下面 7 根手指是 9，

上面左手有 1 根手指，右手有 0 根手指，乘积为 0，

所以结果为：90，

所以，$9\times10=90$。

练习

（1）计算 $9\times9=$______

（2）计算 $6\times10=$______

（3）计算 $7\times6=$______

11~15 中乘法的手算法

方法

（1）伸出双手，手心对着自己，指尖相对。

（2）从每只手的小拇指开始到大拇指，分别编号为 11~15。

（3）计算 11~15 中的两个数相乘时，将左手中表示被乘数的手指与右手中表示乘数的手指对在一起。

（4）这时，相对的两个手指及下面的手指数之和为结果十位上的数字。

（5）相对手指的下面左手手指数（包括相对的手指）和右手手指数的乘积为结果个位上的数字。

（6）在上面结果的百位上加上 1 即可。

例子

（1）计算 $12\times14=$______

伸出双手，手心对着自己，指尖相对，

因为被乘数是 12，乘数是 14，所以把左手中代表 12 的手指（无名指）和右手中代表 14 的手指（食指）对起来，

此时，相对的两个手指加上下面的 4 根手指是 6，

下面左手有 2 根手指，右手有 4 根手指，乘积为 8，

百位上加上 1，结果为：168，

所以，$12\times14=168$。

（2）计算 $15\times13=$______

伸出双手，手心对着自己，指尖相对，

因为被乘数是 15，乘数是 13，所以把左手中代表 15 的手指（大拇指）和右手中代表 13 的手指（中指）对起来，

此时，相对的两个手指加上下面的 6 根手指是 8，

下面左手有 5 根手指，右手有 3 根手指，乘积为 15，

百位上加上 1，结果为：195（注意进位），

所以，$15\times13=195$。

（3）计算 $11\times11=$______

伸出双手，手心对着自己，指尖相对，

因为被乘数是 11，乘数是 11，所以把左手中代表 11 的手指（小拇指）和右手中代表 11 的手指（小拇指）对起来，

此时，相对的两个手指加上下面的 0 根手指是 2，

下面左手有 1 根手指，右手有 1 根手指，乘积为 1，

百位上加上 1，结果为：121，

所以，$11\times11=121$。

练习

（1）计算 $15\times15=$______

（2）计算 11 × 14=______

（3）计算 12 × 13=______

16~20 中乘法的手算法

方法

（1）伸出双手，手心对着自己，指尖相对。

（2）从每只手的小拇指开始到大拇指，分别编号为 16~20。

（3）计算 16~20 中的两个数相乘时，将左手中表示被乘数的手指与右手中表示乘数的手指对在一起。

（4）这时，包括相对的手指在内，把下方的左手手指数量和右手手指数量相加，再乘以 2，为结果十位上的数字。

（5）上方剩余的左手手指数和右手手指数的乘积为结果个位上的数字。

（6）在上面结果的百位上加上 2 即可。

例子

（1）计算 18 × 19=______

伸出双手，手心对着自己，指尖相对，

因为被乘数是 18，乘数是 19，所以把左手中代表 18 的手指（中指）和右手中代表 19 的手指（食指）对起来，

此时，包括相对的两个手指在内，下面左手有 3 根手指，右手有 4 根手指，和为 7，再乘以 2，结果为 14，所以十位的数字为 14，

上面左手有 2 根手指，右手有 1 根手指，乘积为 2，

百位上加上 2，结果为：342（注意进位），

所以，18 × 19=342。

（2）计算 16 × 20=______

伸出双手，手心对着自己，指尖相对，

因为被乘数是 16，乘数是 20，所以把左手中代表 16 的手指（小拇指）和右手中代表

20的手指（大拇指）对起来，

此时，包括相对的两个手指在内，下面左手有1根手指，右手有5根手指，和为6，再乘以2，结果为12，所以十位的数字为12，

上面左手有4根手指，右手有0根手指，乘积为0，

百位上加上2，结果为：320（注意进位），

所以，$16 \times 20=320$。

（3）计算$19 \times 19=$______

伸出双手，手心对着自已，指尖相对，

因为被乘数是19，乘数是19，所以把左手中代表19的手指（食指）和右手中代表19的手指（食指）对起来，

此时，包括相对的两个手指在内，下面左手有4根手指，右手有4根手指，和为8，再乘以2，结果为16，所以十位的数字为16，

上面左手有1根手指，右手有1根手指，乘积为1，

百位上加上2，结果为：361（注意进位），

所以，$19 \times 19=361$。

练习

（1）计算$16 \times 16=$______

（2）计算$16 \times 19=$______

（3）计算$18 \times 17=$______

参考文献

[1] [英] 瓦利 · 纳瑟 . 风靡全球的心算法：印度式数学速算 [M]. 北京：中国传媒大学出版社，2010.

[2] 王擎天 . 越玩越聪明的印度数学 [M]. 北京：中国纺织出版社，2009.

[3] 亚瑟 · 本杰明 . 生活中的魔法数学：世界上最简单的心算法 [M]. 北京：中国传媒大学出版社，2009.